生活很苦
但你要甜

U0723917

小牛君 ——

著

台海出版社

图书在版编目（CIP）数据

生活很苦，但你要甜 / 小牛君著. –– 北京：台海
出版社，2020.4
ISBN 978–7–5168–2582–2

Ⅰ.①生… Ⅱ.①小… Ⅲ.①人生哲学—通俗读物
Ⅳ.①B821–49

中国版本图书馆CIP数据核字(2020)第054981号

生活很苦，但你要甜

著　　者：小牛君

出 版 人：蔡　旭　　　　　　　　　封面设计：邢海燕
责任编辑：姚红梅

出版发行：台海出版社
地　　址：北京市东城区景山东街20号　　邮政编码：100009
电　　话：010—64041652（发行，邮购）
传　　真：010—84045799（总编室）
网　　址：www.taimeng.org.cn/thcbs/default.htm
E - m a i l：thcbs@126.com

经　　销：全国各地新华书店
印　　刷：河北盛世彩捷印刷有限公司
本书如有破损、缺页、装订错误，请与本社联系调换

开　　本：880毫米×1230毫米　　　　　1/32
字　　数：140千字　　　　　　　　印　张：7.25
版　　次：2020年4月第1版　　　　　印　次：2020年4月第1次印刷
书　　号：ISBN 978-7-5168-2582-2

定　　价：42.00元

序　言

<u>01</u>

在杜甫的《饮中八仙歌》诗中，我曾读过这样的句子：

宗之潇洒美少年，

举觞白眼望青天，

皎如玉树临风前。

我相信，这样的绝句，赋予亲爱的你再适合不过。

你就好似万物复苏的春天里一个明媚的梦，也仿佛一窗檐一飞鸟上方的一抹纯蓝色的天空。来往的身影匆匆，独特的你，有着独到的眼光，为翻阅这本书而驻足停留……

我的工作是和文字打交道的，目前也在为创作任务而绞尽脑汁，时时刻刻处于头脑风暴的状态；心中塞满各种天马行空的想法，那一幕幕就像电影胶片一样，层叠入目。所幸的是，每当想到你能翻看这本书时，我都会笑逐颜开，倍感欣慰和知足。

这本书的初衷，与那些励志鸡汤文的倾向本质上有很大差别，它没有告诉大家如何取得世俗意义的成功，而是通过讲述各色各类的故事，结合一些另辟蹊径的视角和观点，试着提出人生真正的意义所在：没有什么人生赢家，最好的人生就是要活得真实、活得坚强、活得勇敢、活得洒脱。即便生活很苦、很单调、很无聊，我们也要活得知足、活得快乐！

02

我的微博名是"我是小牛君"，我每天在平台上都会收到好多陌生人的求助私信，听他们讲述令人歇斯底里的遭遇，失去亲人的内心崩塌、失去财富的悲痛欲绝、失去恋人的撕心裂肺、失去工作的苦不堪言……

我虽不能完全感同身受，却常常为其心痛到泪流满面。我透过电脑屏幕感受到许多不为人知的酸甜苦辣，竭尽全力用文字给予他们温暖和激励。生而为人，苦乐交织，不可控因素大行其道，所以，选择自己的活法和心态，是多么的重要。

我们每个人都曾经历过一地鸡毛的处境，生命的漫长历程不会在每个阶段都像我们想象的那么好，总会有艰辛和突如其来的坎坷，总会有泥泞不堪的时候。

所谓勇敢坚毅的人，并不是不畏惧磨难，而是在经历困苦之后还能对人生充满热情，做最好的自己，和想要的生活撞个满怀。

偶尔我们也会很脆弱，因为一句话就泪流满面，仔细想想，自己也咬着牙走了那么长的路，在磨炼中成长和前行。

我一直坚信一个道理：但行好事，莫问前程。

遭遇的窘境和困惑在眼下可能是难以接受的，然而时光一晃而过，我们终将释怀。一切都是最好的安排，所有的过程都是为了更好的以后做铺垫。

03

前两天，我看到一则"井底的驴"的故事，蛮受启发的。

某一天，一个农民的驴子掉到了枯井里。那可怜的驴子在井里凄惨地叫了好几个钟头，农民在井口急得团团转，就是没办法把它救起来。

最后，他断然认定：驴子已经老了，这口枯井也该填起来了，不值得自己花这么大的精力去救。

农民把所有的邻居都请来帮他填井。大家抓起铁锹，开始往井里填土。

驴子很快就意识到发生了什么事，起初，它只是在井里恐慌地大声哭叫。不一会儿，令大家不解的是，它居然安静了下来。几锹土过后，农民忍不住朝井下看，眼前的情景让他惊呆了。

铲砸到驴子背上的土，它都做了出人意料的处理：迅速地抖落下来，然后狠狠地用脚踩紧。

就这样，没过多久，驴子竟把自己升到了井口。它纵身跳了出来，快步跑开了，在场的每一个人都惊诧不已。

其实，人生也是如此，各种各样的困难，会如尘土一般落到我们的头上，要想从这苦难的枯井里脱身逃出来，走向辉煌，办法只有一个，那就是：将它们统统都抖落在地，重重地踩在脚下。

生命的过程总有波折与遗憾，重要的是，你在这些波折中的选择。这些选择没有对与错，唯有你是否愿意担当与妥协。

事实上，生命中我们遇到的每一个困难都是历程中的一块垫脚石，既然我们难以预料到未来，那么唯一能做的，只有把握当下，别畏惧困难和挑战，好好历练自己，不辜负人生中的每一段时光。

这个世界向来不缺完美的人，缺的是坚韧、无畏与勇敢的人。请认真去生活，对自己好一点，再勇敢一点，只有这样，才会遇见更好的自己。

最重要的是，我们要清楚自己是否执着地顺从自己的内心，找到属于自己灵魂的真实，拒绝随波逐流，不曾放弃对于内心的思考，并理智选择想要做一个什么样的人。

就如电影《无问西东》里的一句台词：爱你所爱，行你所行，听从你心，无问西东。

04

亲爱的，在这个偌大的城市里，或许你我有过一次或多次的擦肩而过，茫茫人海，遇见本身就是一种缘分；又或许，我们素未谋面，不过没关系，我很希望借着这本书与你建立起互知互念的桥梁，搭建彼此的认知桥梁，做一对知心知意的好友。我们坐在一起聊聊天，说说心事，对未来充满美好的憧憬和向往。

无论此时遭受人生的何般挫折，你都要相信自己，不要气馁，也不要流泪，我会永远在你背后默默地支持你，只要你愿意选择相信。

生活的苦味儿在所难免，但我们可以选择甜甜地活下去，不惧世俗的眼光，倾听内心的声音，追寻更好的自己。

最后，感谢与你相遇，愿我们一生纯良、平安喜乐。

我是小牛君

2020.1.13

目 录
CONTENTS

一、生活很苦，但你要甜 ————————✦

一生都很难成为作家，为什么还要写作

01

是不是每个人都曾怀有一个成为作家的梦？

每当我们翻出陈旧泛黄的日记本，掏出布满灰尘变成压箱底的中学作文，往往会在脑中涌现出无数的回忆。

那些勇敢无畏的岁月，那些以梦为马的日子，那些伴随着爱恨情仇的大侠梦，那些永葆青春的诗和远方……一切过往的美好都在这一刻被翻起。

那些纯粹的文字，那些有关人生、爱情等的设想，那些在布满灰尘的、有陈腐气息的纸张上写下的一行行字，还有无限的余温和热度。只可惜，如今的我们已不是少年。

是啊，随着年龄的增长，我们接触的东西越来越多，一不小心就忘记了这个渺小而又伟大的梦想。我们长大了，忙着各种自认为无比重要的事情，也就愈发觉得成为作家的梦想距离自己越来越遥远。

更多的时候，我们也会安慰自己，作家不过是人生众多职业的其中之一，他们的生活也无异于普通人，甚至还有点苦，又难以熬出头。

毕竟我们都明白，不是所有人都能成为严歌苓，不是所有人都能像莫言一样拿到诺贝尔文学奖。

天赋异禀属于少数人，多数人终究是凡人，成为作家更是难上加难。

然而，道理虽然显而易见，可未来的事，谁又能说得准呢？否则怎么会有"万一"这个词？万一你就是那个"万一"呢？

我很喜欢李宗盛在《山丘》中写的一句歌词：说不定我一生涓滴意念，侥幸汇成河。

如果写作这个充满冲劲儿的幼苗，真的一直潜伏在脑海中挥之不去，那就索性捡起来，悉心呵护，继续灌溉下去吧。何必一脚将其踩死，灭了少年时期那渴求的念想呢？

02

我们大多数人，一辈子很难成为一名作家，为什么还要写作？

对此，我曾经问过很多酷爱写作的好友，他们的回答也很坦诚。

有人说，写作是为了表达自我；有人说，写作是为了回应世界；有人说，写作是为了逢迎求利；有人说，写作是为了抨击……

我个人听过的最好的回答，就是来自小说家村上春树在《1973年的弹子球》里讲过的一段话：

"一个人活得久了，总会主动被动接受许多东西，得出许多感慨，这是入口。敏感的心灵就在生活的泥淖里陷得深些，粗砺的心灵就陷得浅些；悲观的心灵就得出人生是徒劳的结论，乐观的心灵总相信我们终会前进。

"倘若只有一个入口，各色事物只有涌进而没有排泄的通道，总有一天大脑会炸掉。所以才会有倾诉，不能向亲近的人倾诉就向陌生人倾诉。这是出口，谁都需要。这还说明，出口和入口不是双向的，两个人不必同时是对方的出口。"

写作大概就是这么一个出口，它会让人不断丰富和加深自我认知：擅长什么，囿于什么。

写下来，白纸黑字，重复的语词，惯用的句法，都能纤毫毕现。慢慢地，也就学会了自我调动，校验自己的逻辑能力，以及那些心路的实拍，同时，也对自己的精力状况越来越熟悉。

写作作为记录生活的一种方式，抒发情感，审视自我，评古论今，表达对人和事物的看法。文字这种媒介能将个人的思绪承载进去，进而衍生出一种"我思故我在"的踏实和真实。

除此之外，对普通人而言，在这个飞速发展的时代，写作正是当下社会抵制浮躁并自我成长的极佳选择。

置身于喧嚣世界之中，人们似乎只有放浪形骸，才配得上这样的时代。但是，写作可以让你安静下来，一个人去沉思去沉淀，走向自己真实的内心，知道自己想要怎样的生存状态。

03

不想成为作家的写手，不会是一个好的写手。

有人问，除了作为表达自我的出口，码字这事有其他乐趣而言吗？有啊，写作是内心驱使，爱好亦是追求。

它和我们爱玩游戏、爱看动漫、爱逛街没什么区别，本质上不过是让自己放松罢了。

还记得临近高考模拟的时候，我突发奇想，写了一篇关于男女情窦初开、充满暗恋之情的作文，题目叫《惊鸿一瞥》，里面用了各种华丽的修饰加上暗恋情愫的细致心理描写。

老师对这篇作文很是赞叹，还曾将它复印出来，在全年级几百个人中传看，那时候的我暗自兴奋了好久。

后来读大学的那几年，我始终也没动笔写过什么，直到读研一，因为课外时间比较宽裕，便经常和同学结伴去图书馆度过一天天自由的时光。

那时候，我十分迷恋三毛、张爱玲和亦舒的小说，也十分崇拜席慕容、毕淑敏和林清玄等大师细腻清新的烂漫文笔。

后来读得多了，也就顺其自然开始写了。虽然不觉得自己写的东西有多好，但是每次写完都觉得内心很丰盈，浑身自在无比。写作的初衷，真的不为别的，就是讨个开心罢了。

那时候，每写完一篇文章，我就会把爸妈和小闺蜜拉过来，我感情泛滥地读一遍，然后让他们给提意见。时过境迁，尽管那时候的文笔幼稚，但他们对我却从始至终都很鼓励，尤其是我的妈妈。

从那开始，写作这件事，成了我一生的执念。

截至今日，我已经在各大平台上写了几百篇情感励志文，加上正在更新中的小说《我与鬼差》，好歹也有几十万字了，如果放在整个写作生涯的话，不过是个零头而已，持续地去输出内容，俨然已成为我的一种习惯。

长久写起来，终究是受益匪浅的，这种收获得益于平时对文字的拿捏和运用的熟练程度。在工作中接触到文字类的工作，也会受到上头领导的批评和指正。但我相信，这都是磨练文笔的必经之路。

即便成为作家的梦想最终我也没有实现，但是写作的路途，真的繁花锦簇和溢满欣喜。

04

"我之所以写作，不是因为我有才华，而是因为我有感情。"
对于这句话，我十分赞同。

只要能产生想给谁写点什么的心情，对于时下的作者本人便已足够幸福。通过写作来审视自己曾做过的事，去给出肯定或否定的答案，这样多好！

人的大脑瞬间就有万千思绪，能及时说出甚至写出的不足万分之一，这些思维活动如流星一般转瞬即逝，写下来无疑是最好的呈现。

写作面前，人人平等。写作的大门为每一个爱好它的人敞开。只要你想写，随时都可以动起笔来。

回顾漫长的写作过程，也不仅仅是关乎写作的反思，更是对生活的反思与总结。擅长用文字展现世界的人，他们看到的世界相比同龄人，会清晰许多，因为他们感情细致入微、饱满通透。

写作是一个长久的过程，它的价值不在于你非要提笔写尽万里河山，永不停歇、一气呵成，也不在于一定超过其他人的文笔。而是当某天回看时，能明显感知到自己曾经文字的稚嫩和粗糙，逐渐超越过去的自己。这就是写作的一种收获。

一次和作家朋友聊天，我问他："您觉得写作到底需不需要天分？"

"写作当然需要天分，可对于大多数人来说，对外在事物的敏感与好奇就是创意和天分的表现。也就是说，大多数人是有天分的。"

"那为什么有的人能写，有的人不能写呢？"

"写作更需要持之以恒的训练与反思。有些人不能写，除了因为读书少词不达意之外，其实还因为缺乏感情，也缺乏对真实感情的表达能力。"

05

写作这件事，想要有收获，必须得先付出。没错，写作的道路上，更多的是一种坚持，只有这种精神的力量，才能支撑作者走到最后。不管怎样，只要想通了、认准了写作这件事，就坚定地大步走下去吧！

西班牙诗人塞尔努达说，有段时间他写不出东西来，但经历了很多事之后，再过渡到下一个阶段，便产出了更为丰富的诗歌。

是啊，不知道写什么，那就从你想写的地方开始写，从你知道的开始写。

关于写作，我们常常关注它的收获、它的意义，总是好奇自己写了那么多字，到底能不能成为作家，可是谁能保证付出一定会有对等的收获？

司马迁，身受腐刑却隐忍发力，写出"史家之绝唱，无韵之离骚"的《史记》。

曹雪芹，"于悼红轩中披阅十载，增删五次"，写出中国古典小说的巅峰之作《红楼梦》。

老舍说过，"熟才能生巧，写过一遍，尽管不像样子，也会带来不少好处。不断地写作才会逐渐摸到文艺创作的底。字纸篓子是我的密友，常往它里面扔弃废稿，一定会有成功的那一天。"

名人的故事足以说明，在没有取得成功、没有任何收获之前，必须先要持续不断地付出。了解了这点，才能坚持下去，不至于放弃。

内容创作大军千千万，多数人也都正处在初级阶段。在这个时候，你千万别着急，更不要跟别人攀比。一些大V动辄百万粉丝，文章的阅读量十万起，关注这些只会让人心急如焚，更加不能静心写作。

什么事情都容易有一个量化的比较，唯独写作这件事难以比较。所以，千万别着急、别盲目攀比，要以自己为衡量标杆。

无论如何，别灰心、别放弃，要跟自己比，慢慢去死磕、去摸索，记得要给自己持续下去的动力。

写作需要天赋，但更需要强大的信念和毅力去坚持。因此，在写作的道路上，哪怕有90%的人最后失败，你也还是有10%的机会取得成功。

人世间，唯有爱与美食不可辜负

最近在读胡自山的《中国饮食文化》这本书，极富趣味。书中介绍了中国菜肴的美食趣闻、传说、典故等内容，阅读间犹如畅游中国舌尖美食的长河，时时令人口舌生津。

人世间，唯有爱与美食不可辜负，爱已经辜负的太多了，美食就不能再辜负了。没错，食不厌精，脍不厌细。

圣人尚且如此，况凡人乎？

此刻，那一道道品尝过的美食，就像坠入凡间的天使，映在我的眼前。潜藏在内心深处的味道，夹杂着回忆中的人和事，不自觉地在脑海中浩浩荡荡的盘旋，妙趣横生。

01

每个人舌根深处最初的记忆，似乎都来自妈妈烹饪出的味道。

年少时，总喜欢倚在妈妈旁边看她做饭，一边端详她一丝不苟地调制美食的样子，一边和她说说笑笑拉家常。

小鸡炖蘑菇、猪肉炖粉条、虾仁水饺、地三鲜、锅包肉、蚕蛹、红肠、粘豆包，在妈妈的巧手下，都变成我的挚爱，样样料足精细，令我茶足饭饱后倍感唇齿留香。

那些细细碎碎时光里的每日三餐，虽不是什么饕餮大餐，却是浓浓的专属于家的味道。

妈妈内心比谁都清楚我的味蕾喜好，不会问东问西，一切的关怀和爱护尽在润物细无声中，甚至不需要我点什么菜，也不用唠叨她叮嘱她。

她清楚我不爱吃胡萝卜、青椒、白菜、木耳，也知道我喜欢酸口、辣口，抑或是甜口。

她只需要听到那一句熟悉的"妈，我饿了"，不一会儿的工夫，厨房里定会飘出最爱的香气。

人就是这样，往往身在福中不知福，比如我。

小时候还不懂父母持家的辛劳，年少气盛不懂事，不是嫌菜咸了，就是嫌汤淡了，妈妈总是耐心听从我这位"家庭大美食家"的建议，一次次努力改进。

二十多年如一日，她没有一天让我饿着肚子出门，也没有出现过忙碌完归家饭桌空空如也的情况。

唯一例外的情况是，我提前和小伙伴约好出去吃大餐，离家前通常洋洋洒洒甩出一句："妈，今天出去约饭，不回家吃了哈。"

她会笑着点点头，在我穿上鞋子临出门的时候，依旧不忘叮嘱我一句："在外面少吃肉，少吃有添加剂的垃圾食品哦……"

无论在外面遇到什么挫折、考验或是解不开的难题，看到家中有妈妈的身影，还有那一桌精心烹制的家常菜，都会觉得人生没有过不去的坎。

事实上，看似平常的一日三餐，或许在无形中也赋予了我们很多潜在的人生哲学——吃好这顿饭，过好这一天！

后来离开家乡，离得越来越远，妈妈那几道拿手菜的味道，却在记忆里越来越清晰、越来越重要。

有时想想，家里的饭菜已经不再局限于好吃或不好吃这个范畴里。

我多年后闯荡于都市，在餐厅饭桌上点好家乡菜，掀开盖子，闻到那股熟悉的味道，第一时间并不是想吃，而是想家。

因为，那是家的味道，是儿时的回忆，是那穿着纯白色绣着丝绣的围裙，美丽而温柔的妈妈的身影。

对某段时间的画面性感知，对某个场景的细节化追忆，正是我们在成长过程中获得快乐体悟的一种方式，想念妈妈做的家常菜，即是如此吧。

02

如果要我从回忆里拎出一块凝固的时间点，那便是大学时光，尤其是那些味蕾中的记忆，是我在那个喜忧参半的岁月里，最纯粹的回忆。

相信那些在大学里生活过的每个人心目中都有个难忘的菜单！

一份外焦里嫩的鸡蛋汉堡、一份鲜香Q弹的麻辣烤冷面、一碗热气腾腾的银耳雪梨枸杞汤，轻易地便能勾起我们青春未逝的情怀。

那些食物虽然是那样的平凡，但对于我来说，却是从舌尖到心尖的一份留恋。

尽管嘴上总在吐槽食堂，但如今想来，那被记忆浸润的校园美味却成为我"才下舌尖，又上心尖"的独有情结。

大二期末考试刚结束时，我和同学一起出去吃夜宵。

学校后面有一条热闹非凡的美食街，叫"学府四道街"，也是我们俗称的夜宵一条街，即便接近凌晨，依旧灯火通明。

大家一行十几个人，要么撸串配扎啤，要么热气腾腾的火锅配上凉茶。

我们尤其喜欢去一家餐厅，餐厅老板是个山东的汉子，为人直爽实诚，操着一口浓厚的方言。我们常常坐在他家餐厅门口挂着橘黄色灯泡的露天棚伞下，彻夜吃喝畅聊。

点几个招牌菜、一碗浇着厚厚芝麻酱的老北京爆肚，再加上各色小罐罐的地方佳肴，光是闻着，那股味就十分诱人。

那时候我经常戏谑老板，半开玩笑地对他说："老板，您五行肯定属水命，做餐饮的财运竟是如此的好。"

老板听罢，仿佛是遇到了指点迷津的贵人，难掩一脸的喜悦之情，一个劲儿对我点头。平时忙前忙后还不忘过来给我传授餐饮行业的经商之道，顺便私下再打个六折，好吃又实惠，他知道我们这群人肯定是回头客。

想想那也是2013年的事了。

几年后的一天，当我意外发现那家餐厅仿佛人间蒸发一般消失在那条街上时，我竟超乎寻常的难过。

再后来，无意中经由朋友推荐，还真的再一次尝到了那不变的味道，当我看到山东老板的脸，眼泪差点掉下来。

绝非矫情，也不是别的，只是时光恍惚流逝，一个遗失已久的东西突然出现在我的面前，那种感觉就如同饮酒轻度上头，微醺。

大学时光的丝丝缕缕的回忆，就像打开了尘封的匣子，万般感触一股脑涌现出来，提醒着我，那个叫作"失而复得"的幸福感为何物。

03

春有百花秋有月，光阴看似静止不动，实则飞速向前。

我们自认为无所不能，却偏偏难阻岁月的放肆流淌，正因如此，回忆才显得万般珍贵，让人恋恋不舍。不仅是岁月，味道也是如此。

那些曾徘徊在唇齿间和舌尖上的美食，藏着过去的我们，藏着那些美好却回不去的光阴，还有那些伴随在我们身边的亲人和朋友。

最难能可贵的莫过于，凝结在我们内心深处恒久不变的味道，那专属于我们独有的留恋，仍旧有着阳光般的温暖和熨帖。

回忆沿着前行的岁月继续与我们相伴，在生命的轨道里不断交织盘旋，又绵长深远，经久不息。

即便是入梦，那里也是一个充满温暖和爱的世界。

生命中的摆渡人

时光窸窸窣窣地流转，越长大，越觉得时间过得真快，越察觉过去变得愈来愈遥远。

有句话是这样讲的：当你开始念旧的时候，你就开始变老了，但我始终觉得，年龄这东西只是一个概念，或者是一种印记，说明不了什么。

与其让那些场景在脑海里经常忽隐忽现，还不如利用文字还原留存，虽然它未必有什么世俗层面的意义，但有些人和事情真的是值得纪念的。

01

你可知"MACAU"不是我真姓，

我离开你太久了，母亲，

但是他们掳去的是我的肉体，

你依然保管我内心的灵魂……

1999年的9月，澳门刚刚回归，学校广播里每天都会播放满溢激昂的乐章，就在那振奋人心的一年，我进入了小学一年级，开始了我漫长的求学之路。

开学第一天，老师带我们以one by one的形式，每个人带上一只小小的眼罩，拿着粉笔站在讲台上，给黑板上一只巨大的青蛙画眼睛，看谁画得更加贴近真实，谁画得更加离谱搞笑。

那时候，我完全不理解大家为什么都那么开心，我满脑子只有想家的念头。

终于等到下课的铃声了，铃声就在我的头顶响起，震耳欲聋，但我却感到一种从未有过的解脱和愉悦。

我没有和小伙伴继续玩游戏，而是一个人跑到操场，抬起头看着太阳，我好希望时间快点流逝，我就能回到自己的房间，哪怕发发呆，都比上学舒坦。

我信步来到一块还未完工的墙面旁，站在那高高的垛上，踮起脚，发觉那里貌似能窥到校园围墙以外的世界。

懵懂中，我竟意外地从那条粗裂的缝隙中看到了一个令我兴奋喜悦的地方。

那是我的家！没错，我看到了我的家，确切地说，是爸妈开的一家商店。那一刻，我超级兴奋。对于我来说，简直像是发现了一块新大陆，比陶渊明见到世外桃源还开心。

我用手使劲扒在两垛之间，望眼欲穿，错开来往的行人，瞭望我的家。我看到走进走出购买商品的顾客，还能透过商店玻璃瞧见与顾客笑盈盈闲聊家常的爸妈。

小心脏扑腾扑腾地跳着，"太好啦，我能看到我的家啦！"

我很开心地呼叫出声来。当然，爸妈听不到我的呼叫，毕竟那条宽绰的街道，足以使得童声消失得一干二净。

"马上上课啦，你怎么站在这里呀？"一句话打断了我沉湎愉悦的劲头，我抬头一看，是我的同桌循着我的方向走了过来。

我立马迎过去，一本正经地告诉她："别过来哦，这里有点危险，不知道会不会有怪兽出没……"

没错，这个地方不能被别的小朋友发现，因为它是我的秘密，也是我在陌生环境中唯一的乐趣源泉。

与家只有一街之隔，让我小小的心灵不明所以地倍感安稳。

然而，到底该不该把这个惊天的秘密告诉家人呢？想了想，还是暂时不说啦。我已经长大啦，要学会独立，不能轻易被妈妈看扁。

02

2010年马上就要考大学了，报考时我却犯了难，到底该考家乡的学校，还是去遥远的城市求学。

听说隔壁邻居的李姐姐、杨哥哥他们都在首都北京混得有声有色，心里有点向往，有点羡慕，还有点对未知的恐惧。

晚饭后，爸爸披了件外衣准备去找隔壁叔叔下盘棋，才走出房门没几步，想起忘记带上刚刚泡好的茶，又折返回来，瞧了一眼我和妈妈，欲言又止，轻轻端起茶杯，转身出门了。

妈妈坐在椅子上，手法熟练地用针线缝制刺绣，我依偎在旁边两眼发呆，直挺挺地看着妈妈巧手下的刺绣，神情里难掩她一眼就能看得出的纠结。

"无论你最终的决定是什么，爸妈都是支持你的。"妈妈在旁温柔地说道，"不过，一个女孩子在外面读书，要万事小心。"

小时候，学校和家只有一墙之隔，我还可以透过墙去张望一下，而今就要考虑离开家乡，去外面的世界了。

端详着妈妈手中构思巧妙、绣工细致的绣图，我点点头，心里还是万分纠结。

一边是家乡清亮亮的蓝天、软绵绵的云，一草一木陪伴自己、已二十余载，闭眼都能找到的商场，街转角恒久招牌的奶茶店，一切倍感亲切；一边是梦想中的幻城、小说中的光怪陆离，在那里仿佛一切的可能性都变得玄妙。

　　妈妈放下手中的活儿，接着说道："人在哪都可以活一辈子的，只是活法不同而已。"

　　我抬起头，发现妈妈微笑的时候，脸上又多了两道皱纹，她真的有些老了。

　　纠结到最后，我还是决定走出去，换一座更大的城市读大学，捕捉生命中那些未知的可能性。

　　自己也老大不小了，是该离开家，学会独立勇敢地面对今后的人生了。

　　做决定的当晚，我翻来覆去睡不着，外面夜深人静、月明星稀，纤瘦温柔的月亮被风吹散，溢出的光遗漏在橙色的地板上，倒映着杨柳高高的树影。

　　报考志愿填交上去不久，大概没过一周的时间，我就收到学校的录取通知，报考成功。

　　我永远都忘不了，当我欢呼雀跃地跑到厨房，告诉妈妈这个喜讯的时候，她脸上的笑容是多么的灿烂和骄傲。

　　当然，还有眼眶里只有在那刺眼阳光下才能照出的亮晶晶的东西。嗯，那是妈妈开心的泪，为自己的子女感到自豪和激动的泪。

　　时光，请你走得慢一些，在爸妈衰老之前，我想让自己变得优秀，足以创造出更加富足的生活。

　　那些离开父母偷偷想家的岁月，那些青春时期的爱与被爱，那些因为幼稚单纯而惹出的笑料；那些我们在乎的人，以及默默关心我们的人，还有那些我们深藏在心中的执念……

每一条走过来的路，都有它不得不那样跋涉的理由，每一条要走下去的路，都有它不得不选择的方向。

很多人和事，还有那些岁月，残留在我脑海中的更多的是情绪，是确幸，尽管占据小小的面积，却留下了深深的印记。

人生倏尔之间，若白驹过隙，似水流年。时间和经历能给人带来更迭的能量，让我们在一次次历练中变得更加沉稳和从容。

在急遽的人生旅程中，最难能可贵的就是，我在草长莺飞的岸边，恰逢你畅游而过，相见能尽欢。无论是相处短暂的一瞬还是漫长的一生，我们都能恰到好处地成就彼此，变成对方生命中的摆渡人。

那些年，妈妈教会我们的道理

01

父母是每个人的第一任老师，对子女的成长和命运的影响甚大，或许我们在天真烂漫的儿时并没有意识到。

随着时光流逝，待到我们三观形成的年纪，再回想起他们的千叮万嘱，方才理解父母的良苦用心。

前两天，一位从小玩到大的老朋友小瑜来上海考察，想要在这边搞一个项目合作。

和她坐在一起吃饭闲聊，她意气风发，满脸志在必得的正能量的样子，和小时候她的性格大相径庭。

"好喜欢现在你天不怕、地不怕的样子！真好看！"

"妈妈曾是我坚强的后盾，每当彷徨失措的时候，我都会想起她曾经跟我讲过的大道理。得益于她，我才能快速适应不同的环境，砥砺前行，有理想、有目标，并为之努力。"

是啊，作为朋友，我深知她是一个很坚强的女孩，这也是周围朋友有目共睹的事实。

童年的时候，小瑜的父亲在一次工伤中意外离去，这么多年来，她与母亲相依为命，她的心路历程也是苦乐交织的。

正如她说的，一路走来，母亲让她懂得很多道理：做人要自立自强，要有底气，要在可允许的范围内过自己想要的生活。

当然，很多事情努力了也不一定可以得到回报，但努力过就不会后悔。

或许她开始想念人生中最重要的女人，便情不自禁开始讲起母亲那些年对她的影响，我颇有兴致地在一旁听她诉说着。

"孩子，你要勇敢面对生命中不可预测的意外，这世上没有过不去的坎坷。"这是小瑜妈妈跟她说得最多的一句话。

正在读四年级的小瑜，从身边人的口中得知父亲去世的噩耗，因为那时候还小，听不懂"意外死亡"是什么意思。

她说，唯独令她记忆犹新的就是，每天蒙着头钻在被子里，咬着牙，想一夜长大，保护好自己的妈妈。

"孩子不要怕，你爸爸只是去了极乐世界，我们娘俩要好好活着，不要辜负他，不好的事情总是会过去的。"

02

后来，读高中的小瑜，因为成绩不好、压力太大，还差点出了精神问题。她整天浑浑噩噩，不出所料，最后高考失利，绝望得想要自杀。

母亲看出了她抑郁的端倪，丝毫没有惊慌失措，而是淡定劝慰她说："孩子不要怕，天无绝人之路，考不上没关系的，未来的路还长。你要相信勤能补拙，一分辛劳一分才，勤奋终能越过暂时的失败和挫折，最后帮你获取成功。"

她明白了母亲的用意，开始振作起来，离开学校走向社会，摸爬滚打。她摆过地摊，做过洗碗工，给人家送过快餐，也做过销售，因为业绩突出，被老板升为销售主管。

然而，就在工作如鱼得水的时候，意料之外的事情又给她捅了个极大的篓子，还导致她被公司停职检查。她再一次受到了不小的打击，自己一个人闷在家里，心情压抑万分。

此时，已是年迈体弱的母亲再一次语重心长地告诫她："人生来不同，每个人也必然都有自己的生存方式、自己的信念和自己的活法，而一切都是由自己决定的。我不求别的，只希望你活得精彩，活得简单快乐。"

经历了童年失去至亲、学业失败、事业打击之后，在母亲不断的鼓励和支持下，小瑜懂得了砥砺前行、不畏人生的千难万险。

就在小瑜重整旗鼓，打算重新开始时，她的母亲又被查出了绝症。从检查出来到去世，只有短暂的三个月。

当她听到这个不幸的消息时，已不再是号啕大哭，她懂得了担当和面对。尽管夜深人静之时，还是会泪流满面，感慨人生的无常。

小瑜对我讲："在得知母亲癌症晚期的那段时间，她仍旧耐心地叮嘱我说：'人生没有什么可怕的，妈妈走了，你要撑起这个家，要快快乐乐地活下去。'"

03

我们常说，子女是苍天给母亲的礼物。事实上，母亲才是我们最大的福星。

听完小瑜的追忆，我也不禁幡然醒悟：母亲本身就是每个人一生中最好的馈赠。

"自从她走了之后，我就再也没感到过害怕。"

我抬起头，看见小瑜眼中的泪光，不是惋惜，也不是后悔，而是一种用语言都无法形容的勇敢淡然凝结出的激动和奋勇。

母亲是伟大的，母爱是无私的。

她们的内心流淌着爱，她们用爱不停地浇灌着我们，她们用温暖陪伴着我们走过人生的荒漠。

母亲就好似一杯茶，让孩子可以在寒夜里饮她的温馨，在孤独中饮她的清醇，在流泪时饮她的力量。一生一世点点滴滴的关爱，都是她丝丝的柔情。

是母亲教育我们：在这个社会上一定要自立、自尊、自爱，要坚强，也要善良。

是母亲告诫我们：要体面而达观地面对世界，要坦然面对自己的内心。

是母亲鼓励我们：人生是个螺旋上升的过程，即便努力很久又回到了原点，其实也已经上了更高的一层。

母亲的话永远都是这样，简单却深刻。

每个家庭的教育理念迥异，但有一点是一样的：希望子女好好地、健健康康地长大。

她们的诉求从来都是简单至极，只是不甘平庸的我们，偶尔会忘了人生中那本属于我们自己的真正值得呵护的东西。

年少时疯狂的我们，总有想看看外面世界的悸动，内心最真实的信念随着年纪慢慢沉淀下来，也会越来越清楚什么是最重要的东西。

趁着一切还来得及，爱身边最值得关爱的人。树欲静而风不止，子欲养而亲不待。

你的教养有多好，你的世界就有多大

01

人与人之间，对错可以申辩，教养一旦欠缺，却让人无计可施。今天我们的话题就是：教养。

教养是什么？教养就藏在生活的点点细节中，它是表现在行为方式中的道德修养，是社会影响、家庭教育、学校教育、个人修养的结果。

教养就是多些平易近人，少些颐指气使；教养就是少些捏造是非，多些坦诚相待；教养就是多做事少废话，多体谅、少伪装。

没教养和随性是两回事；真性情和不尊重人是两回事。每个人都一样，生而为人皆不易，不是所有人都要为你的无知和自私买单。

教养，是一种善良，也是一个人心灵世界最真实的体现。

02

有教养的人，不会事事以自我为中心。

在读书的时候，我们经常能碰到这样的奇葩室友，她要是想睡觉，别人谁都不能说一句话；她要是不想睡，谁都休息不得。

大声开关门，走路叮当响，开免提和七大姑八大姨通电话，说话很夸张，笑声很恐怖。

更讽刺的是，每当别人委婉提出保持安静的请求时，她嘴边总挂着一句：事多，真矫情。

当她以自我为中心的行为发展到极致的时候，一位室友再也按捺不住自己的情绪，就告知她如若再这样以自我为中心，就会告诉导员实情。

没想到，她居然眼睛一瞟，说了一句：爱告告去，你这么爱打小报告，小心有报应，人在做天在看！

当时我们真是哭笑不得、无奈至极。

列夫·托尔斯泰说："自己能做的事，不要去麻烦别人。"与人方便，与己方便。

一个有教养的人，从来都不会随意给别人添麻烦，还恬不知耻认为都是别人的错误。

03

有教养的人，不会一味地索取而不知感恩。

读研二的时候，有很多打算和我报考同一所大学的学弟学妹来找我帮忙，想借我的考研笔记翻看，或问我一些选择导师的方向问题，毕竟我的经验比他们稍丰富些。

在这个问题上，正因为我经历过，所以深深懂得，理解他们的迷茫和困惑，我尽量能帮则帮。但却偏偏有一个女孩得寸进尺，把我的帮助当成理所应当，将"伸手党"的无赖行为表现得淋漓尽致。

在QQ上，她因为自己收到电子版笔记忘了保存，所以再三跟我说，再发她一次。没关系，帮人帮到底，送佛送到西，我马上回复她：稍等，因为学姐在外面吃饭，资料在电脑上，要回家才能发。

谁知道，因为回家晚了一会儿，她误以为我存心欺骗，故意拖延。按捺不住自私之心的她，居然在QQ上大肆埋怨我：要么就帮，要么就直接告诉我不想帮，干吗说了又做不到？

我们不过一面之交，帮你是情分，不帮你是本分。敢情我这是欠你的，我是来还债的吗？大家都是成年人，清醒点吧，没人欠你什么，帮你不是我的义务。

别人予人玫瑰、手有余香，不代表你可以伸手就要，还贪得无厌、一味索取。

04

有教养的人，懂得分寸、懂得进退。

《菜根谭》中说道：使人有面前之誉，不若使人无背后之毁；使人有乍交之欢，不若使人无久处之厌。这段话让我想起近期一次同学聚会上发生的一件小事。

宴会上，在座的女孩们都美美地打扮了一番。其中有两个男同学同时到场，一个过于"直白"地开了句玩笑："打扮成这样干吗，同学时期素颜的样子，我又不是没见过，个个都是……"

对于开玩笑这件小事，只有当事人觉得幽默，那才是玩笑；如果当事人感受到的是对自尊心的打击，开玩笑的人就是没教养。

一个有教养的人，从不在践踏别人尊严的前提下打趣、乱开玩笑。

另一个男生见状，马上打圆场说："女孩们穿得好漂亮，原来一个个的都是美人胚子呀。"

之后的画面就是，会聊天的哥们整晚都在和妹子们热聊，气氛异常融洽和热闹；而那位说话不得体的朋友，无论怎么哗众取宠，别人都对他爱搭不理。

所以，会掌握分寸，也是一种教养的体现。

05

教养不仅仅是发乎其外、待人接物的姿态，还是"为己"与"为人"的结合，正如有人总结过的：让别人舒服，让自己也舒服。无微不至的教养，在你不经意间，就能呈现出来。

美国著名旅行作家凯鲁亚克说："教养是一种不用说出来的美好。"很多时候，一个人的教养并不体现在大事上，而是通过很多的小细节反映出来。

大千世界，我们总会遇到很多这样的人：

他们不动声色地替人解围，免人难堪；

他们不夸夸自谈，不把自己的某项荣誉作为某种值得夸耀的东西放在嘴边；

他们在有行人的地方踩刹车减速，在没有人的地方再重新提速；

他们和别人交流时等待对方说完，再礼貌地发表自己的意见；

他们在有人休息的时候，出门时轻轻把门关上；

他们在接私人电话时走到外面，从不会打扰别人工作；

……

这就是教养。

有教养的人就像春雨，在每一个角落温暖世人，总在不经意间让你舒畅无比。教养是细水长流，是一些习惯的总和。在某种程度上，教养不是活在我们的脸蛋上，而是存在于我们的骨子里。

良好的教养从来不是一蹴而就的，它并非单纯的礼貌，而是习惯和细节的积累和养成。教养决定了一个人境界的高度和眼中世界的宽度。

正如毕淑敏曾经说过的：教养是细水长流的，具有某种坚定的流向和既定的轨道性。它是后天养成的品质，但一旦养成，就深植于我们的骨髓。

无论在什么时候，展现我们的教养，等于展现我们灵魂的模样。

你的教养有多好，你的境界就有多高，你的世界就有多大。

你的善良很贵，只能赠予值得善待的人

你的善良，是一朵美丽的人性之花，但它必须要有锋芒，就仿佛一朵带刺的玫瑰，美丽又懂得保护自己周全。

你的善良很好，也很珍贵。但若你好到毫无保留，对方就敢坏到肆无忌惮。

01

善良与否是一种选择，你善良的前提是必须要足够强大，这样在你遇到困难的时候才不容易卸下温柔，如果你善良但是不够厉害，这种善良很容易被误解，也就是你的善良无足轻重，解决不了问题。

不想做的事，不必勉强自己去做；忍了很久的事，不必一而再再而三地忍下去。不要让别人来践踏你的底线。

一味地逞强或硬撑，那不是善良，而是你不想承认的懦弱，也别再昏睡不醒。只有认清真相之后的智取，世界才会给你属于你的一切。

你的善良，要有保障，要有力量。

02

我有两位可爱的好朋友，她们都温柔善良、善解人意，然而她们对待一些事情的做法却相反，理所当然的，她们遭遇的境地也会迥然不同。

小H是个热情活力、喜欢助人为乐的人，对于周围亲朋好友的请求总是竭尽全力，能帮则帮。比如她出国旅游，就会帮朋友代购各种小商品。

然而对于那些吹毛求疵、不懂感谢的人的请求，她会委婉拒绝："不好意思，我这次出国主要是旅游不是购物，不过我认识一个特别好的代购朋友，推荐给你吧。"她说这些话的时候，态度诚恳、语气真诚，别人通常也不会怪罪她。

小G是个不懂得拒绝别人的姑娘，自认为善良的她总是不忍心或者不好意思拒绝那些让自己为难的请求，因此无端为自己增加了很多不必要的工作。

由于小G没有第一时间拒绝别人，拖到最后没有把事情搞定，还会被别人埋怨。终于有一天，有人对她说："你不好意思拒绝别人的时候，就想想别人怎么好意思为难你的。"

所以，不要在意那些不在意你的人，不要考虑那些不曾为你考虑的人，不要担心那些不担心你的人，不要把时间花在那些不会为你花时间的人身上。

如果你习惯吃亏、习惯沉默、习惯委屈自己、习惯逆来顺受，别人便会忘记，其实你也有态度、有观点、有能力、有自己想要的生活和朋友圈。

你的善良，总要有点锋芒，这样才能让自己活得更有力量。

03

人要不要善良？为什么好人难长命、坏人得百年？善良究竟要到什么程度，才能利人不损己，变得刚刚好？

我们要记得，自己的善良很贵，只能赠予值得善待的人。这个世界上总有些贪惏无餍之人，受了别人一次帮助，就得寸进尺。

善良应该是有尺度的。

佛家有一则《舍身饲虎》的故事。小王子摩诃萨青为了挽救一只饥饿的老虎妈妈，故意让老虎吃了自己，这样虎妈妈就有了力气和奶水去喂小老虎。小王子舍身之后，立即仙乐大震，天花乱坠，小王子也跟着升入天庭。

显然，作为王子，从宫里拿出些食物喂老虎更可行。作为宗教故事，它有独特的寓意，并非号召人们把自己的身体当作老虎的食物。现实生活中也是一样，遇到需要帮助的人时，比直接表达善意更重要的是，考虑怎么样提供自己的善行效果更好。

罗曼·罗兰说：行善的人应该觉得自己快乐才对。当我们做善事而不快乐时，最好及时停下来反思一下，看看善行是否越过了应有的边界。

对于一味索取这种自私的人，我们一定要远离。善良不是无原则地迁就别人，而是在自己能力范围内有原则地对有需要的人施以援手。

如果有人触碰了你的底线，让你做那些你不想做的事，记得勇敢拒绝他。倘若你帮助了别人，却委屈了自己，这种善良不要也罢。

<u>04</u>

"你人这么好，一定要帮我哦。"

"你人这么好，一定不会拒绝我吧。"

很多时候我们都会听到这样的话。一些人出于面子，不好意思拒绝。

可是仔细想想，我好，就一定要帮你吗？何况我好，并不是我帮你的理由。

做一个有棱角、有锋芒的善良人吧，懂得用智慧惩恶扬善，在好人那里还是好人，在坏人那里露出自己的锋芒和自己的烈性。

善良是宝贝，是盔甲里面的柔软，善良不是负累，不是接纳所有不公的吸盘。善良是世界对你温柔的时候，你能报以感恩，对你不公的时候，你能予以反击；善良是你与生俱来的宝贵特质，应该变强大来守护它，而不是将它那样暴露在日光下、众人前，任人索取。

人需要保持一颗善心没有错，但不是对谁都好、没有底线。你没有底线，他们就没有原则。当善良失去原则的时候，就助长了恶。

有棱角的善良才是真善良，没有锋芒、没有棱角的人，是很难在这个粗鄙的世界走得更远的。这股锋芒和棱角就是智慧和原则，有了智慧和原则才会有底气。

锋芒是一种态度，是一种脾气，是一种特长，是一种思想，是一种能力，甚至是一种外表。锋芒也是武器，是善良的武器，要让别人知道。

愿我们的善良，都带点锋芒。

你的时间用在哪里，哪里终将成就你

亦舒在《她比烟花寂寞》中说过：

一个人的时间，用在什么地方是看得见的。

是啊，积少成多汇流成河，时间的滴水汇成生命之河，人们把时间用在哪里，命运就会在哪里给出相应的回报。

熬到最后，时间就是证明一切最有力的证据。

胡适先生说：一个人的前程，往往全靠他怎样利用闲暇时间，闲暇定终生。这句话我深感赞同。

胡适曾总结他一生的成就，谈及白话文，自己坦言完全是对时间进行充分利用，珍惜那些可以用到的所有时间，然后全心投入地去研究。

那个时候，他一天要做十几份兼职，但每当空闲休息的时候，便会思索如何让普通大众听得懂自己的课，于是在别人闲聊闲逛时，他让白话文得到普及和推广，成就了一番伟业。

由此可见，你的时间用在哪里，哪里就会成就你。

01

"如果专心在一件事上花时间，花到足够多，你既可能成为这件事情的主宰，又可能因此而获得收入。更重要的是，时间还游刃有余，你还会有很多闲暇，去消费时间，做别的事情。"冯仑《野蛮生长》中如此写道。

众所周知，外卖小哥雷海为逆袭夺得《中国诗词大会》第三季总决赛冠军，这个荣誉实至名归，因为他真的很棒。

我不记得雷海为具体回答过哪些题目，但我却十分清楚地记得他在台上的从容淡定，也记得他满腹学问、学富五车的谈吐举止。

回顾他个人心路历程的时候，我们才知道，他是有多么珍爱时间，争分夺秒去做自己喜欢的事情。

在送餐的路上，他会在心里默背诗词；在等餐的时候，他会拿出手机或是书来读诗词；没钱买书就到书店里背诗词，默写出来第二天再到书店去校对……

他的这种对知识的热忱，就像我们喜欢一个人，自然愿意花时间和他相处；喜欢一件事情，也会心甘情愿地花时间去做，不仅不会身心疲惫，反而还会乐在其中。

董卿有这样一句赠语，是送给雷海为的：你在读书上花的任何时间，都会在某一时刻给你回报。

02

大道至简，当一个人能有效利用自己的闲暇时间，由始至终坚持做自己喜欢且有益身心的小事，假以时日，这件事必定会以不可思议的方式来滋养和回报。

村上春树在30岁时萌生出了写小说的念头。当时他是一家酒吧的老板，白天卖咖啡，晚上开酒吧，每天营业结束的时候已是凌晨。

不难理解，闲暇于他来说，珍贵得就如同沙漠中的泉水。

然而，就是因为那份执着的喜欢，他把凌晨至天亮的那一小段时间用来写小说，日复一日地坐在厨房的餐桌旁，在无人扰乱思维的时候，静静地码字创作。

那些光芒成就，都是从一件件小事，一天又一天积累起来的。

你所看到的光鲜，都是由无数流汗的夜晚组成的。

村上春树对写作的喜爱，不是停留在口头上，不是随随便便地自我标榜，而是一直将自己最宝贵的时间用来悉心创作和阅读。

命运是公平的，所有的付出和坚持，终将会得到回报。他在写作上所花费的精力和时间，终于给了他丰厚的回报，甚至升华了他的精神世界。

真正有意义的人生，就是愿意花费自己的时间去做真心喜欢的事情，顺便获得自我认同。

因为这是满足了生存基本需要之外，可以证明自身真实存在的重要方式。

03

我有一个博学多才的好朋友小清，她是那种可以为了自己喜欢的事情一直死磕到底的姑娘。

大学的时候，当她看到开口讲出流畅英文的大四学长学姐们顺利进入他们心仪的百强外企上班，她十分羡慕，便暗下决心，自己也要成为英语小达人。

她求知若渴，又十分勤奋，每天戴着耳机听英文资讯，一遍又一遍地背长单词。她买了一摞英语美文，不厌其烦地读和背，和学英语这件事死磕到底，不停地锻炼。

最后，她真的做到了，进入了一家期待已久的大公司工作。为她庆祝那天，我看到她龇牙笑起来的样子，真实又好看。

她的顺遂和成功是理所应当的，因为她愿意付出巨大的努力和时间。

与小清相反，很多年轻人总是抱怨职业刚起步的前几年，没有资本选择一个自己真正热爱的工作，不可否认，这是很多人的现实困境和心声。

可平庸和优秀的差距就在于，平庸的人即便知道了自身问题所在，仍然止步不前。

如果我们每天用闲暇时间去阅读，如果我们每天用心研究工作的专业问题，时间久了，不论从事哪一个行业，相信都会进步迅猛吧。

同样的时间，我们也可以抱怨时间匆匆，后悔流逝的过去，可这样日积月累下去，又能换来什么呢？

04

《庄子·外物》里讲了一个故事：

任公子为大钩巨缁，五十犗以为饵，蹲乎会稽，投竿东海，旦旦而钓，期年不得鱼。已而大鱼食之，牵巨钩，陷没而下骛，扬而奋鬐。

什么意思呢？简而言之：放长线，钓大鱼！

倘若不花费一定的精力和时间，放出长长的"线"，又怎么会得到自己想要的"鱼"？

所以，时间是最公平的看客，你的时间用在哪里，哪里就会成就你！

这世上，无论是谁，都没有平白无故的成功，也没有一帆风顺的坦荡。一个人想要做成一件事，背后必定要付出很多不为人知的辛苦努力。

既然谁都不愿意浑浑噩噩地活着，也不想被命运的洪流推着往前走，那不如尝试利用闲暇时间去坚持做好自己喜欢的事情，别计较付出和辛苦，一门心思低下头好好做下去。

时间久了，谁说我们就没可能真的成为一个冠军，成为一名大作家，成为一位画家，成为那个自己最喜欢的自己呢？

与其临渊羡鱼，不如退而结网。你的时间用在哪，哪里便会成就你。

我就是想过"无意义"的人生

一寸光阴一寸金，寸金难买寸光阴，尤其在这个竞争极度激烈的年代，每个人都在和时间赛跑，一刻都不敢松懈。我们总怕在哪一次有形或无形的比赛中，落后于他人，陷入被动尴尬的局面，伤了自尊，挫了锐气。

人与人之间可用于比较的事情简直数不胜数：读书期间，分数、排名、奖杯、奖状；上班期间，收入、福利、前途、配偶；到了中年，房子、车子、票子、牌子……

多的是你想象不到的对比。

一生的年华是有限的，为了生存得更加高效，看上去更加体面，于是有的人习惯权衡事物的利弊，在做任何事情的时候都会考虑一个问题：做这事有好处吗？

理智的顾虑是必要的，但假如凡事过于以结果作为导向，一生仅为有用的事而活，就趣味性来说，未免太单一、太无聊。

正是由于很多人太过急于寻求所谓的"意义"，才导致自己拥有的全部是虚假的"意义"。反之亦然，假如我们去认识并追寻人生那些"无意义"的小事，让生命如同白纸一般纯净，反而会有更大的施展空间，重新编织更有趣好玩的意义，进而让这一生真的变得"有意义"。

01

记得读大学的时候，学长学姐们组织了很多社团活动，舞蹈、书法、绘画、宣传，听上去新奇又好玩，当时我特别想参与，体验一下大学丰富有趣的校园活动，可听到我的想法后，一位学姐小Q打消了我的念头。

"傻丫头，作为过来人，我跟你讲，那些所谓的社团活动啊，也就忽悠你们这些小新生。"小Q挤眉弄眼地说，眉宇间还有些不屑。

我听后非常诧异，紧忙问原因，想从学姐那里多了解一些小道消息，以便快速适应大学的校园环境，或是让自己在同学面前多些谈资。

"进入社团之后，他们名义上说带着你们参与社团活动，事实上，就是拿你们当打杂的，特别是大家不情愿去做的事，你必须冲锋在前。"小Q接着说道。

"参加这些活动，能保证你将来找到好工作吗？和面试官说你参加的校园实践多，就会工资飙升吗？那些事情啊，是没用的……"学姐小Q话匣子开了，噼里啪啦地说个不停。我不住地点头，感觉这般苦口婆心真是难能可贵，帮我省去了未知的麻烦和无意义的过程。

02

回到宿舍，我把想法说给室友们听，她们多数都表示赞同，唯独小D没有，而且她还报名参加了书法社团。对此，大家闲聊的时候经常开她的玩笑。

我们认为，对于仅有一点书法基础的她，天天跟着社团跑东跑西，晚上回去描摹练习，浪费时间、浪费精力，这不是一种校园实践活动，完全是一种没有意义的折磨。

对于我们的质疑，她始终选择沉默，不反驳也不愤怒。我们自以为是地劝说着，殊不知那些我们没用来参加业余活动而省下的时间和精力，也是在网络游戏、社交软件中被白白耗尽，长久以来并没有创造出任何价值。

就这样，光阴在平淡中悄然溜走。

03

故事的结局平淡无奇，没有出乎意料，是的，小D没能成为书法家，没在书法行业崭露头角，书法协会的成员也没有她的头衔。

只是多年后的今天，当大家在周末胡吃海喝地发动态，名包、名车、名表、装大牌、秀小资的时候，她与笔墨纸砚为伴的样子却像一股清流，着实惊艳到我们。她那种不疾不徐、不慌不忙的优雅胜过很多同龄人。最主要的是，她的模样看上去好开心、好充实，眼神纯澈明亮而真挚动人。

在我们成长的过程中，总会有一些功利的说法不绝于耳：上学时期看小说散文、画漫画、翻杂志有什么用？进了象牙塔参加各类活动、培养多方面爱好、学习多国语言有什么用？踏入职场学摄影、研究美食有什么用？你不做画家，学素描有什么用？你不想出国，学英语有什么用？你不想搞学术，考博士有什么用？你当不了作家，瞎搞创作有什么用？

就像那位小Q说的，这些小事带不来直接的财富和人的地位提升，它们仿佛脱离了世俗成功发展的模式。

然而，如果这些看似无用的事给人带来持续的快乐和满足，让枯燥单一的生活萌生幸福感，给紧绷高压的神经带去轻松感，从一生的维度来考虑，它到底有没有意义和价值呢？

04

学生时期的小D给了我很大的启发，我开始重新梳理我的价值观，重塑我快乐的标准。在工作之外的空闲时间，我喜欢悠闲地翻翻漫画、品读杂文；喜欢徒步数万里去为法国梧桐摄影；喜欢每天腾出两小时写写随笔。对啊，它们的确不起眼，貌似也没什么用，仅仅喜欢而已……

我们的一生中好多看似无用的东西，很像这个数字0，乍眼看起来0是最没用的，1、2、3、4、5、6、7、8、9都比它大，都代表了一种存在，只有0代表着虚无和不存在，但它一旦跟其他的数字组合起来，便会让这些数字发生数量级上的变化。

人生中好些看似无用的东西很像这个0，很多无意义的小事也像这个0，它们不会给人创造物质财富，也不能让人平步青云，但它作为人的一种情趣，作为我们亲近生活美好的一个途径，反而是意义巨大的。

所以，不要让那些急功近利的思想侵入大脑，只要你喜欢，只要你觉得这件事情值得去做，勇敢去做就好了，何必在意杂七杂八的"无用论"思想。但行好事，莫问前程；只问耕耘，不问收获；倾听内心的声音，不畏世俗的眼光。

不可否认，人类的生存离不开物质的满足，但精神养分的补充同样不可忽视。如果将寻求心灵的快乐、促发灵魂的充实等诸多事物皆定性为"无用"的或"无意义"的，那么我就是想过这般"无用"的人生，因为它简单，能让我幸福、踏实，也让我变得真实。

2020，愿你不改初心，满载而归

沧桑陵谷、白云苍狗，这一年之中，日月如落花流水一般过去了。年味好像一点一点的淡了，离远走他乡的日子也越来越近了。这个年，好像长大了不少，我一直很好奇，长大到不能再长大的时候，是不是就该变老了呀？

01

上海的冬天，有点湿还有点冷，很少见下雪，却是经常小雨飘散。

很多朋友都很奇怪，我这个北方妹子是否会不适应这里的天气。其实还好吧，毕竟我习惯了二十几年的狂暴冰冻，这点夹杂着静谧和萧瑟的小冷，还算不上什么考验。

冥想过往的岁月，不经意间，宛若能看见在雨巷中，站着那些满眼精致的睿女子，穿着素净的衣袍，徘徊在上海老街坊的石库门前，撑着油纸伞曼妙地走过。

回眸莞尔一笑，一切倏忽而过。

锦瑟年华，即便写满沉重，即便载满浮华，但也有专属它别致的韵味。

梧桐树上的小叶，今年貌似凋落得特别快，明明前些天还是绿油油的，突然间寒风来袭，经过几场小雨和寒风的凛冽，如今就只能看到光脱的枝丫直指天空。

阳光瑟缩着，时刻提醒着城市中不断汹涌的人们它是多么活力四射。在这里，永远不会有"一叶落，而知天下秋"的感慨。

人声鼎沸和摩拳擦掌充斥着每一个不知名的角落。

或许大家都在各自奔赴着所谓的远方，希望有一天会有难忘的岁月可回首吧。

我们总在故乡和远方之间不停地前行和回首，不知道下一年的我们，会不会刷新对眼前这个世界的认知，却不改最初的模样，满载而归。

02

真的很想很想做一个长不大的小孩，没有生活的烦恼，没有工作的压力，没有成长的烦恼，没有长辈的唠叨，没有感情的困扰，开心就笑，难过就哭，疼了就说，饿了就吃，困了就睡……

回头想想，还是做梦比较实在，毕竟梦里啥都有。

昨天高中同学聚会，去洗手间的时候看到女同学小徐在外面打电话："乖，那一会你早点睡觉，我结束就回去，宝贝晚安。"

我起初以为她是打电话哄娃睡觉，没想到是在和老公打电话。这腻歪劲儿，一点不输谈恋爱的情侣。

是啊，晚安是一个很暖的词汇，胜过很多当下流行的土味情话——W（我）A（爱）N（你），A（爱）N（你）。

"给他打个电话报备一下，我一个人在外面，怕他担心。"

小徐看到我，带着一点点的害羞："我们两个从恋爱到结婚这几年，每天晚上睡前都会互道晚安，要不然不踏实。"

一个人怎么跟你说晚安，就怎么爱你。

还记得曾有多少个夜晚，我用力支起蒙眬的睡眼，只为了继续听一个人讲完他的童年故事，听他诉说难忘经历、他的糗事，抑或是他的趣事。

他讲得那么投入，真的不忍心打扰他："哈哈哈，你继续说，我一直在听哈。"

呼，中间几乎要昏睡过去，突然手机一响，侧放在枕边的手不禁一抽，有点麻了，那也没关系。

赶快抬起手臂，换一个姿势，拿起手机继续聊，直到听到那一声熟悉的"晚安"才肯罢休。

有时候，手头忙些什么事情，直到凌晨一两点结束，回过头才发觉对方的留言孤零零摆在对话框里。

打了个哈欠，我隔空加了一句："刚刚来了灵感在写稿子，已经睡了吧？晚安哦。"

谁知道，对方却秒回复我一句："晚安，早点休息。"

晚安，换个世界继续想念你。晚，是整个世界划过的黑夜，安，却是对你最宠溺的叮咛。

多少个不善言辞的关心和在意，最后都悄然化成了"晚安"两个字，带着困倦一起袭入梦的他乡。

晚风摇晃树影，是你曾经暖暖的关心，点燃我一路的星光，谢谢！

03

释迦牟尼曾经说过：无论你遇见谁，他都是你生命中该出现的人，绝非偶然，他一定会教会你一些什么。

我也相信，无论我走到哪里，那都是我该去的地方，经历我该经历的事，遇见我该遇见的人。

从前有一个流浪汉，他身上只有一个路上捡来的包裹，包裹里面没别的，只有许多树叶。

有一天，他出门讨要东西吃，来到了一个包子铺，对老板说："我已经一天没有吃饭了，但是我一分钱都没有，身上最贵重的也只有树叶，我能不能每天拿五片树叶来换一个包子吃？你的恩情我会记着，我会报答你的。"

老板也是一个善良的人，所以就答应了他。

在之后的一个多月里，乞丐总共拿了两百片叶子来换包子，之后那个流浪汉就再也没有来过。可是过了不长一段时间，老板被查出癌症晚期，所剩的时间无几。

到了老板离开的那一天，死神跟他说："你这一辈子还算一个好人，我可以帮你完成人生的一个遗憾，你有什么遗憾就说出来吧。"

包子铺的老板说："有没有什么办法可以让我再活下去，我的儿子才刚刚出生，我想看到他长大，我想再活二十年。"

死神笑了笑说："有是有，可是那个地方只有上帝才能去，在那个地方有一棵树，树上的十片叶子可以延长一年的寿命。"

当包子铺的老板绝望的时候，突然想起乞丐曾给他的两百片叶子，没错，这正是延长寿命的树叶，这时，那个乞丐曾对他说的话回响在耳边："我一定会报答你的。"

人的一生大概会遇到3000万人，我们决定不了在对的时间遇到对的人，也决定不了在困难的时候遇到那一个重要的人。

我们不知道会与多少人擦肩而过，也不知道会与多少人结伴欣赏沿路的风景，也不知道谁是那个重要的人。

所以要好好地对待生活，好好地对待每一个人、每一件事，你不知道哪件小事就能决定你的成败，哪一个人就是你的贵人。

04

时光太残忍，它带走了许多我不舍的东西，却也很温暖，留下了那些最值得珍惜的人。

人生天地之间，若白驹过隙，忽然而已。这日复一日平凡的日子，这年复一年平凡的风光，可真叫人欢喜。

庆幸，因为总会有人用独有的方式，时刻提醒我，认清昨天的来由，不忘明朝的去处。

感谢每一个有意无意的遇见，感谢你的出现，让我的生命美好得酣畅淋漓、幸福得恰到好处，让我懂得，即便生命如尘，仍可岁月如歌。

二、念念不忘，必有回响 ————————

念念不忘，必有回响，大抵就是如此吧

<u>01</u>

从家乡重返这座城市，飞机抵达的时候，迎来的是落雨后弥
散的湿漉漉的水汽。

匆忙的人群，密密麻麻的行李，一股脑儿的人间烟火气息夹
杂滋生。

恒久不变的，是那令我心安的熟悉。

离开机场赶往市区的路上，在车里插个耳机随机播放歌曲，
恍然间优美的旋律在耳边弥漫开来，是《那些花儿》这首歌。

时间循环往复，始终没有停下向前的脚步，听着歌，我想起
了那些如花般美好无瑕的朋友。

一直以来，我自认为比较感性，对于每一次离别都是充满不
舍的。每当要说再见的时候，我都试图坚强，但却发现情绪这东
西，向来难以受自己控制。

后来也想开了，就顺其自然吧，不舍就不舍，想哭就哭好了。

人生无非就是一个不断相遇与离别的过程，成长、强大、追
求非凡，再渐渐接受奋力争取后的平凡。

依然记得那天，好友阿张给我送行，他是我从小到大的好朋

友、好哥哥，我们的交情虽平淡如水，却也不少任何一丝情深。

那天的天气十分糟糕，外面渐渐沥沥的雨下个没完，我们在机场等待安检。

马上排队准备安检了，他低下头开始默默地抹眼泪。我铆足力气忍住，免得哭花了脸。

我试图打破这层尴尬，问他："哎，你是不是特爱哭啊？"

他没什么反应，只是轻轻抱了我一下，说："保重。"

天下没有不散的宴席，饱腹之后必要远行，远行之后必有重逢，饮酒喝茶，不亦乐乎。

嗯，山水相逢，有缘再续吧。友谊长存，这是他经常对我说的话，脸上永远是笑嘻嘻的表情。

只是这一次，他脸上却挂满了女孩儿般的依依不舍，竟是有点可爱。

人们留在记忆里的总是那些让自己深刻的情绪，当回忆丛生时就会顿生感慨。

事实上，我更喜欢清汤寡水的告别。别太正式，因为告别越随意，重逢的可能性或许就越大吧。

毕竟，时间总会让我们说再见，我也相信再见并不遥远。

因为，念念不忘，必有回响。

02

你相信吗？今后要和你共度余生的那个人，其实也在异度的时空里，忍受着与你同样的孤独和无助，同时，也是怀着满心的期待想和你拼凑一个未来。

前阵子，一位好友给我讲她的爱情经历，我和大家分享一下。

大学入学的第一天，那是好友第一次遇见他，她从没想过自己会喜欢上这样的男生。

与她之前脑海里对异性所有的幻想都不一样，他并没有什么出奇的模样和发型，两个人也没有什么惊鸿一瞥的出场。就那样，他淡淡地出现在她的眼前。

"寻了大半生的美好，他回眸凝笑，便是了。"好友一脸娇羞。

没错，喜欢一个人，就是那么一瞬间的事情。

大一要集体军训，在休息的时候，教官习惯性将队伍分成两排，男女两排面对面站着，中间还隔了老远。

很巧，那个站在好友对面的男生正是他。

讲到这里，好友情不自禁地嘴角上扬："那时候不感觉训练累，只是发自肺腑地觉得，我真的好幸福，而且按捺不住自己，只想一个劲儿傻笑。"

"你喜欢他什么呢?"我不禁好奇万分。

"就是喜欢啊，根本说不上来喜欢哪里，就像已经寻找了好久的人，终于见到他一样，这是使命。"

话说来容易，过程却是没那么顺利。她再喜欢，充其量也就是单恋，因为她根本不敢表白，就是一直默默地喜欢着他。

一转眼就是四年，这个男生已经经历了从恋爱到分手的过程了，好友依然对他念念不忘，以至于全班同学都知道她痴迷这个男生。

毕业班聚会的时候，趁玩游戏的机会，大家半开玩笑半认真地问她，还喜不喜欢临班那个男生。

她回答道："喜欢啊，一直很喜欢他。"

有人继续起哄："那你什么时候放弃他呀?"

她说："我都喜欢这么久了，为什么要放弃?"

不知道是不是当时酒喝得有点多，她很失落，眼泪就在眼眶里打转。场面一度尴尬，以至于同学们不好意思继续问下去。

巧了，就在好友大四毕业那年的七夕，她成功脱单了，男友正是一直心心念念的那个人。

那天，她在朋友圈发了一段话，是这样写的：

"说来让人难以相信，但它的的确确发生了。我喜欢的男孩主动向我表白，让我做他女朋友！或许因为自己单恋太久了，久到对和他谈恋爱这件事完全后知后觉。一段很长很长的午睡醒来之后，突然想到自己是他的女朋友，眼泪唰一下子就流出来了。这种奇怪的反应，或许就叫'喜极而泣'吧。"

她拿着手机，兴奋地给我回忆她的这段朋友圈，满脸洋溢着幸福。

那天夕阳正好，柔软的阳光就这样挥洒在她脸上，她身着一袭长裙，眼角还有点泪水，散发着甜蜜的味道。

念念不忘，必有回响，大抵就是如此吧。

03

长大了你就会知道，让你从心里感动的事，就一定不会是坏事。在你被一套完全相反的道理说得无法取舍的时候，哪个是让你真的会感动的，对你来说，那就是对的。

人活于世，其实没有谁是不迷茫的，因为每个人在每个阶段都有逃不掉的怪圈和困惑。

这次回到老家，约的第一顿饭就是陪同校的一位学姐，她曾是历史学的硕士，然而，她现在是一位优秀的舞者和舞蹈教师。

没错，她从本科到研究生读了足足七年的人文历史，最后做的工作和学历没什么太大关系，听上去不免有些别扭。

我们无权去评价别人走的那条路究竟是不是适合的，或者性价比是不是高的，唯一可以确认的就是，她真的很开心，坐在她对面，我一眼就能看得出来。

学姐在25岁那年成功地考上了硕士研究生，原本可以继续她的学术之路，但就在同一年，她接触到舞蹈这个行业，机缘巧合燃起了她对舞蹈的热情。

当然，她小时候学过舞蹈，原本就有深厚的舞蹈功底，后来因为要考学不得不放弃了。

读研第一年，她再一次捡起了这一爱好，进入一家舞蹈培训学校，做起了兼职舞蹈老师。

她说："近十年就好像一个轮回，正是因为某个执念，就突然想从事舞蹈行业，不过在工作和学业中疲于奔命，难免会很迷茫，不知道自己即将去向何处。"

事实上，学姐家庭还算优渥，学业顺利，父母宠爱，直到她选择抛开已有的一切，抛开顺手的学业，选择新的一条路，去进入一个新的领域，压腿直到肌肉拉伤，教舞直到膝盖磨损……

"弃文从舞"对于学姐来说，是改写命运的转折点，之后的艰难困苦都是实实在在的，但在精神上收获的喜乐充盈，也是前所未有的。

改变人生路线和生活方式的过程很痛苦，但所幸，她是用很积极的心态去面对的。

"在一次大型舞蹈教师比赛的时候，我随着音乐翩翩起舞，然后鞠躬谢幕，由于光打得太强，我看不清观众，只听见掌声欢呼响起，那一刻我站在舞台的中心，一瞬间热泪盈眶……"

从学姐的讲述里，我听不出什么狗血剧情，更没有虚无缥缈的东西，只有热爱和喜欢。

"那时候，我终于明白什么是真正的幸福感，也突然了解到自己究竟想要什么。"

听完学姐的故事，我既感恩又觉得受用，这活脱脱是我前行路上的一碗热鸡汤。

当然，所有的成长故事和经验，也只是当事人经历过后的感触，喝完鸡汤，面对前方的九九八十一难，还是要独自面对。

任何人的经历都可以分享，但却难以代替我们改变看问题的惯性方式。

所以，不要让逆境和纠结去主导大脑，摆脱逆境的唯一办法就是——用尽力气跨过去。

时间不停地往前走，忙碌、平淡、轻松、繁重、苦闷、开心的日子会接踵而至、轮番上演。

我们会收获很多喜悦，会体会很多痛苦，会经历一些不幸，会失去一些美好，可是时光不停歇地走着。留下来的，让我们刻骨铭心的，多数是感动吧。

那些令我们发自内心感动的事情，一定是对我们受益匪浅的好事。

所以，喜欢的事情就坚持下去吧，眼前早晚会有光。

学会斩断那些曲折的纠结，学会沉下心停下脚步寻找属于自己的风景，认真地做好当下该做的事，就对了。

因为，念念不忘，必有回响。

长大后才知道，最离不开的是家人

01

昨天，一位远在国外读大学的表弟在朋友圈里面发了一大段长长的文字，还配了一张在国外生活的照片，青涩、阳光。最吸引人眼球的是，朋友圈结尾处写道："离家后，故乡再无春秋，只有冬夏，我想家了。"

作为已经进入社会参加工作的90后的姐姐，我在下面评论说了一句："真羡慕你们上学的，还有假期，还可以有大量时间回家陪父母。"

越长大，回家的次数越发减少，回家的时间变得越来越不稳定。

不由得回想一下自己第一次离家，大概是在读中学时候，那时候是封闭管理的模式，所以大家情愿的、不情愿的，最后都一样，开始了离家在校住宿的生活轨迹。

起初那几晚，几乎每个宿舍都有人在哭，我是最严重的一个。想爸妈，想我的狗狗，想家里那熟悉的一切，但哭过后还是要熟悉新的环境，终要学会不任性。

每个星期最期待周末的到来，两天的假期于我来说很短暂，周五下午回家，周日下午回校。

多年以后，大学毕业了又准备考取研究生，为了不分散读书的精力，专心升学全力以赴，我天天住校，白天全天泡在图书馆，一整年都没有回家，尽管自己真的是非常恋家、想家的人。

直到那个冬天的下午五点，研究生入学考试正式结束，本来学校那边是没有高铁站的，赶去市区的地铁站距离还太远，我完全可以考虑住一夜后隔天再回家，但因为太想家了，我还是选择赶最后一班高铁回家，到家已是凌晨了。

是的，我迫不及待想回家，多晚都不怕。

还记得那晚，爸爸去出站口接我，帮我拉着行李箱，嬉笑打量着我的情绪，没有变的是，我们还是肆无忌惮地互怼。走到车旁边，看到车里的妈妈，我们对视着，我看到了妈妈眼里泛着闪闪泪光。妈妈眼睛是红红的，我能清楚地读出她的心声：想念和惦记。

我亦如此，我也想你们，我的亲人，如果可以，真的一辈子都不想离家远行了。

02

跟家人团聚有多开心，离别就有多伤神。有人说：理想就是离乡；梦想就是梦乡。当我们越长大，越不怕离开的时候，父母开始害怕了，他们更挂念我们，他们更担忧距离越来越远的子女了。

曾经的我们无比向往远方，如今的我们向往着远方，却也开始犹豫，而当我们选择了远方后，想要回头多看看的时候，更多的却是身不由己。

时光白驹过隙，我们渐渐成熟了，变成社会中一个个独立的个体，可以独当一面、接受人生的洗礼了。为了实现儿时的梦想，为了追求更有前途的事业，二十几岁时背上行囊，踏上南下的火车。

有一次和一位同事闲聊，了解到他从参加工作到现在，已悄然走过了几个春秋。家，曾是他最不在意、最想远离的地方，但是当他自己孤身一人在外漂泊时，才知那个家是多么让人眷恋和向往的地方。

第一次在外面租房子，第一次加班到深夜，第一次学会了自己做饭……在许许多多的第一次中，他也曾迷茫过，也曾有过回家发展的冲动。北上广深的漂流一族多得数不胜数，想必每个人都有过这样的体会：夜深人静一人独处时，家和亲人就在不知不觉中，悄然撬开了离乡人思念的大门。

除了事业和梦想，还有很多女孩踏上了"远嫁"离家这班车，为了爱情而远嫁，嫁的不仅仅是女人的后半辈子，也是一个家庭的后半辈子。

有一位大学同学小晶，她是个南方姑娘，毕业几年后谈了北方的男朋友，两个人都打算谈婚论嫁了，谁知告诉家长后，他们却坚决反对。虽然她也不想让爸妈失望，但因为始终放不下这段感情，还是毅然选择了远嫁。

后来，她身为人妻，当了母亲，吵架了、受了委屈却无人诉苦，才明白在无助的时候，苦的是自己，心疼的却是远方的父母。

03

近日，在贴吧里看到一个很热门的讨论话题：离家的少年，你在什么时候最想家？

@阿甲：大学毕业一年，自己找了份不好不坏的工作，经常下班还要加班。有一次感冒得很严重，扁桃体发炎。晚上和我爸通电话，知道了我的情况后，他很心疼地说："你都这样了，就别加班了，明天去医院看看，是不是没钱了，我明天打给你。你呀，从小就好强，什么事都自己忍着，要不我去看你吧。"那一刻，我哭了，真的好想家，好想爸爸（我单亲家庭）。

@阿乙：那时候在外地上班，第一次谈恋爱不懂得识别爱情的真假，被渣男伤害得体无完肤，那一天自己哭红了眼睛，哭干了眼泪，却得不到他的一句关心，只有爸爸妈妈从第一句话里就知道我的情绪，永远忘不了妈妈在电话里的那句话："想家就回来吧，爸爸妈妈一直都在的。"

@阿丙：独自一个人第一次在工作的大城市过年的时候特别想家，大街小巷冷冷清清，寒风瑟瑟，一人提着小菜回到住的地方，躺在床上看着天花板想家，眼泪止不住地流……

@阿丁：工作中第一次被客户和领导骂，又遇到下雨的倒霉日子，回到住的地方的时候，特别想家。望着繁华的城市、热闹的人群，而自己身心疲惫，与周围的一切仿佛都格格不入……

前些日子，网络上有篇热传的文章，叫《我们还能陪父母多少年》。

文中提到：一年中，只有过年7天才能回家陪父母，一天在一起顶多相处11个小时，若父母现在60岁，假设活到80岁，我们实际和父母在一起的时间，只有1540个小时，也就是64天。

原来，我们拥有和父母相处的时间，竟然那么短。

因此，无论我们此刻身在何方，都要知道自己的根在哪，都要多回头去看看那根所在的地方，因为那里是永远不会拒绝你的，因为那里的人无时无刻都在关心着你。

每一次离开家乡、离开父母，都是成长旅程的一部分，我们在成长，离家的距离也在不断变远，假期从周末变到冬夏，最后索性连固定的冬夏也没有了。

　　父母在，不远游，游必有方。就是因为父母终有一天会离我们远去，失去他们的陪伴，我们方知什么叫孤独。正如我们常说的，有父母在的地方才是家，父母在，人生尚有来处；父母去，人生只剩归途……

父爱如山，无须多言

01

我的心中有一位最最重要的男人，那就是老爸，没有之一。

前两天写了篇文章表达我对老妈多年的爱与感激，老爸对此深表不满。看完文章的他，瞥了一眼旁边的我："哎，都说女儿是爸爸的贴心小棉袄，我家女儿却只爱妈妈，不爱我。"他拿着遥控器对着电视拨来拨去。

我咧着嘴咯咯地笑道："妈，你快看我爸，竟然连你都嫉妒，就像《神雕侠侣》里面的老顽童一样，已然是老头的样子，还在那里卖萌嘟嘴。"

老妈在旁边笑盈盈地看着我们这对父女，刚要说话，被老爸抢先一步。

他说："老头的样子？你还真不晓得你老爸我年轻时长什么样子，用现在的话来说，小伙长得帅呆了好吗！"

我和老妈互相看了一眼，心有灵犀般不约而同地撇撇嘴。

虽然他有点夸大事实，但在这里我不得不澄清，他年轻的时候颜值还真是很高，常被街坊邻居称为"小俊子"，眉清目秀，相貌端庄。

"当年你妈妈家境好，人外向开朗，引得几家父母主动上门提亲，在她犹豫不决的时候遇到了我，便放弃了条件不错的男孩选择跟我在一起，这证明了什么？"说着，老爸脸上呈现难得一见的害羞。

"呦呦呦，帅得掉渣倒不假，你也同样是个学渣呀，还好意思和女儿吹牛。"妈妈扑哧笑了一声，习惯性地逗了老爸一句。

02

老妈说得没错，老爸是个学渣，还是个喜欢"搞事情"不让父母省心的学渣。

那时候，爷爷是一位知识分子，据说看书一目十行，过目不忘，是一名优秀的建筑工程师，奶奶是单位的会计，是个善言谈、情商高的女人。

按常理说，他们对子女的教育应该十分严格，但他们对老爸却正好相反，或许是他们老来得子的缘由吧。

正是父母的宠溺娇惯，使得老爸很晚熟，少不更事又贪玩，他实在不喜欢上学念书，天天背诵那些"之乎者也"让他深感无聊，总是套用公式解题让他觉得十分枯燥。

因此，他索性逃学逃课，为了防止被发现，他想出一个办法。每天早早起床洗漱，准备出门。他装好书包，顺手拿着一个烧饼，一溜烟跑向校园。奶奶看着他离开的背影，仿佛看到他光明闪闪的前途，殊不知这不过是他为了更好地玩耍而动用的小心思。

那时候校园还是一片平房，他见学校大门还没开，便从后门腾一下翻墙跳进去，跑到教室把书包一抖，把书本和笔袋铺在自己书桌上，俨然一个早早到校酷爱学习的模样，然后再翻墙出去玩耍。

有一天，正在上班工作的奶奶接到老师的电话，说爸爸在学校的后门附近把胳膊摔骨折了。

老爸经常翻墙出去玩，有一次没有注意到后墙的左侧堆了校园改建所需的建筑材料，当他发现时却已经晚了，为了保护头部，他不得不用手臂去抵挡，然后就摔伤了。

提到这些回忆时，老爸脸上悔意连连，倒不是因为手臂骨折造成的后遗症，而是那时的懵懂无知让奶奶徒增了许多担忧。

他后悔自己年少最好的时光，就那样被白白虚度，没有在学习上多付出一点心思，以至于后来名落孙山，被亲戚朋友戏称为"大学漏子"。

03

"所以女儿，记得千万别像老爸这样，你一定要用功读书。"这是随着老爸的思绪浸泡在漫长的回忆之后，说了一大圈绕回来的思想精髓。"知识文化这东西是要活到老学到老的。虽然读书不会给你创造什么直接的财富，但是它会让你更明事理、更具智慧。"

"老爸是个没读过什么书的粗人，但是在社会上行走这么多年，最深的感触就是，读书绝对是一个人正确的选择之路，千万别吃没文化的亏。"

听到这，我若有所思，点点头表示赞同，老爸见状立刻"趁热打铁"，讲起爷爷年轻时如饥似渴地学习的故事。

"那时候，你爷爷白天在工厂里忙忙碌碌地工作，挣钱养家，晚上等到奶奶和孩子们睡着之后，又挤在狭窄的油米储藏室，继续点开小油灯看书、搞研究，除此之外还自学了一门外语。

"为了不影响妻娃休息，他在小油灯泡的四周罩上弧形的纸壳，灯光仅照在手边的书本上，就这样日夜苦读持续多年，成为'博学多才'的知识分子。

"而今，在物质不再匮乏、信息畅通无阻的年代，女儿你细想一下，你有什么理由消极颓废，满口抱怨学习的苦头呢。老爸建议你，下次在对新知识探索的过程中遇到挫折的时候，要提醒自己别那么矫情、别那么夸大求学的困难。"

话说，尽管老爸人到中年少言寡语，但他真的很擅长给人灌输正能量，让我内心充满阳光积极的意识，满是踔厉奋发的斗志。

04

咳咳，老爸虽是个正能量的布道者，同时也不耽误他做一只糊涂虫。

"妈，你知道吗？老爸有一件很滑稽的往事，让我每每想起都特想笑。"老妈边整理衣物边听我说话。

那时候我读小学六年级，在临近小升初的最后一次模拟测试中，我取得了不错的成绩，毕竟是学习方面的巨大进步，当时的心情就像一只鸟一样欢快雀跃。

放学后，我飞一般跑到在校门口等我放学的老爸面前，第一时间将这件大喜事告诉了他。

老爸听后脸上突现前所未有的喜悦："我女儿真厉害，快上车，我们回家把这件事告诉妈妈，她一定很开心的。"

"好嘞。"我一脚跨上老爸的自行车，右手抓着老爸的T恤，满脸洋溢着幸福感。

我家距离学校步行的话，其实只有一刻钟的时间，可是途中要穿过一个集市，可能就要耽搁一会儿了。

每到放学下班的时间，集市这里总是人山人海、水泄不通，交通有很多隐患，老爸怕我自己回家不安全，如果下班早就会骑个小车来载我回家。

老爸骑了没多一会儿，不出意料又赶上了人潮涌动的场景，嘈杂吵闹得很。

"爸，现在人多车多，我们下来步行一段路吧。"我从他背后对他说，然后又轻轻一跃，从后座上蹦下来了。

谁知老爸并没有停下来的意思，依然以均匀的速度在骑行，我寻思着这老头，难道要找一个地方靠边等我吗？

然而是我想多了，从后面看上去，他左一闪右一躲，到了人车分流不那么拥挤的时候，他突然双脚就像踩了风火轮一样即时加速，就这样骑走了。

我对着他的背影喊："爸，我下车了！爸，等我一下！你等一下我呀，我还没上车呢！"

然而我的声音就这样粉碎在人声鼎沸的街道上，嗯，他真的就这么骑走了，距离我越来越远，丝毫没感觉到车上已经卸下了我这个人后的轻巧感。

这个老头，真是让人又气又想笑。哎，我只能拎着书包无奈地往家走。走了一会儿，再一次看到这老头骑车返回的架势，一脸懵又有点着急的神情。

看到我安然无恙，他又不禁长长叹了口气："虚惊一场，虚惊一场，我还纳闷，你这一路怎么不搭理我了。"

我边回忆边笑道："后来我一直在脑补老爸下车之后发现我不

在后面，是一种怎样复杂的茫然，真是一只十足的糊涂虫。"

"糊涂怎么啦，我最得意的明智之举就是娶了你妈，然后生下了你这个宝贝女儿。"

好吧，你这么说，真令人难以去反驳，我和我妈只能让你一局了。

05

老妈接着说道："对，你爸不仅糊涂，还特爱哭鼻子。当时刚生下你的时候，护士把小小的你交到他的手中，他轻轻接过襁褓，抱着怀中的婴儿笑着笑着居然掉下眼泪，眼睛都哭红了。嘴里不停念叨：'这是我的女儿，这是我的女儿啊，我当爸爸啦！'"

"哭？为什么哭呀？是不是因为我妈生的是女儿，而你更喜欢儿子呀？"我故意和在一旁的老爸开玩笑。他笑了笑，没说话。

"说句公道话，你爸爸嘴上不说，可是心里面不知道有多爱你，只是他从来不把爱说出口。记得你刚住校，那时候你爸天天催我给你打电话。每次电话接通他就在旁边偷听，让他说两句又死活不肯。"老妈笑盈盈地说。

"经常嘱咐我把好吃的留给你，不要在外面亏待自己，不要和人品差的男孩来往，学习不要熬夜，女孩活得开心就好，别太拼命。这些话呀，你爸天天让我说给你听。"老妈接着补充道，"有一次我晚上失眠了，想和你爸聊聊天，转过身却吓我一跳，他正端详着你的毕业照片傻呵呵地笑呢。看见我一脸惊呆，他说：'睡不着，想咱闺女了，一转眼我们女儿长这么大了，哎。'"

听老妈说完，我不由得抬起头，看到老爸的眼睛已然泛红，我假装没看到，把双眼自觉移到电视上，我深深感受到眼前这个男人长久以来对我的紧张和在乎。

06

爸爸，有些话尽管你不说，我也能懂。

你总让我有钱就自由支配，多买点吃的穿的，可是自己却多年吃穿不讲究。你总说我笨手笨脚，以后没人要怎么办？可是又对老妈私下嘀咕女婿选择的底线和要求，不能轻易便宜了那个爱我的臭小子。

这都是爱我的表现，我懂得。

小时候的我不知道坐旋转木马是何等的幸福，但却清晰地知道，双手被你紧握旋转在空中是多么开心，被你抱入怀中直冲云端翱翔天空是多么喜悦。

老爸，漫漫人生路就好似一条长河，时而静如秋月，时而浓雾笼罩，而你就是我的大英雄，乘着一叶扁舟，在我遇到波涛暗涌时，不顾一切扶我上船度过艰险。在追寻梦想向着光明勇敢飞奔的时候，又放手予我自由的一片天。

谢谢你，老爸！感谢你给予我生命，赐予我幸福，感谢你给我这份满满厚厚的父爱。

世间真情，唯有母爱

01

什么文字都可以煽情，唯独写妈妈的不可以，母爱是最真实的存在。

今天原本在公司上班，电话突然响起，是爸爸打来的。得知妈妈腰疼严重已无法忍受，去医院做检查，被确诊为严重的结石，要尽快做手术。

医生表示很诧异，这么大体积的结石加之重度腰肌劳损，这种常人无法忍受的疼痛平时是怎么熬过来的？

听到这些话我突然羞愧难当，自己居然都不知道这回事。回过头看了一眼老爸，老爸小声告诉我："你妈腰疼这病已经很多年了，只是一直没和你说，怕你担心。"

那一刻，我突然鼻子一酸，好想哭。自己真是太大意太不成熟了，从未发觉妈妈身体的不适，也不知道她健康问题的严重性。每天活得像个无忧无虑的傻孩子，陶醉在梦想和诗意的远方，徜徉在用文艺和随性编织的奇幻梦境中，从未真正为父母和家庭的柴米油盐酱醋茶做过丝毫的付出。

<u>02</u>

老妈在我眼里是个很优秀的女人，爱工作更爱家庭。当然，谁也没有我重要。无论外人评价她是如何的强势，在我面前她却立马变"怂"。

我的各种挑剔和顽皮在她看来都是可以容忍的，对于各种要求和索取无一不满足。熟人问起，她总是说，我的女儿是我生的，当然要无条件爱护她。

尽管在生活中，她成功地把我变成一个"不能自理"的懒蛋，在学业方面的培养，她可一点都不含糊，有着自己的小秘诀。她的教育方式和别的妈妈不太一样，一反框架式的束缚和严格，而是对我"放任自流"。

她仿佛并不太看重我的学习成绩。小时候的我开窍极晚，学什么知识都要比别的孩子慢半拍，老师上课讲的内容，别的小朋友听一次都能听得懂，我却很吃力，不知道老师在前面讲述的是什么。

老爸每天忙着工作忙着赚钱，我的学业看护自然落在妈妈的肩上。别的小伙伴父母把大笔金钱甩给课外补习老师，老妈却不。

她每晚抽出时间一个个汉字给我解读，一遍遍传授我拼写方法，一道道数学应用题用不同的解题思维慢慢引导我。尽管我的进步不快，她却从未不耐烦。

有一次，老爸因为我的期末考试没及格而狠狠地骂了我，老妈见状，对老爸认真地说："教育是耐心的引导，是温柔的鼓励，让她自信才能找到正确的方向嘛。三百六十行，行行出状元，我坚信我们的女儿定能出人头地！"

那时候我的年龄还小，但当听到"出人头地"这几个字和自己联系在一起的时候，突然感觉到前所未有的被肯定的愉悦感。

老妈眼神中的坚定和肯定，真心改变了我对学业各种消极的看法。原本盘算着小学毕业随便报个中专的我，那一刻改变了想法，一定要考大学，因为老妈说我能出人头地。

上了中学，老妈一如往日把全家照顾得井井有条，让我可以把精力全身心用在读书上。只要我拿起书本，她就禁止家中发出任何嘈杂的声音，尤其是高考时期，喜欢看电视的她竟是整整一年没有开过电视机。

有一次，老爸偷偷跟我告状："女儿，我告诉你一个秘密，你妈妈昨晚破戒，追了两集电视剧。"

我说："没有吧，昨天我学习的时候，一点声音都没有听到哦。"

老爸撇了撇嘴："真的看了，不过她是静音全程看字幕，硬是追完两集电视剧才睡觉。"

那一刻，我告诉自己，不考个好大学都对不起老妈追的这两集无声电视剧。

后来在她的精神鼓励和耐心支持下，加上我无穷尽的笨鸟韧性，真的考上了心仪的学校，又以全系第一名的成绩考上了研究生。

周围的亲朋好友都夸赞我是个聪明、会读书的乖孩子，殊不知，这一切都源于老妈在背后对我无微不至的爱护和独到的鼓励式教育。

从小到大，但凡考学和工作的选择，每一次处于多选的路口，她总是给我耐心梳理不同选择的利弊长短，然后尊重我的最终决定，允许我听从内心最真实的诉求。

老妈经常对我说："凡事要倾听内心的声音，别在意世俗的眼光。若是被旁人的一知半解和片面立场所左右，就很容易在错误的路上距离梦想越来越远。"

"你要勇敢坚持自己的方向，哪怕自己选择的路不是最完美的，但至少是你最喜欢的。"

"目标是制胜的特效药，而真正的热爱才是奇迹的出发点。"妈妈的这句话，我深深地记在心里。

感谢老妈这么多年那无声的爱和用心，尽管时至今日的我，仍然没有做到她口中的"出人头地"。

她总说我是她的骄傲，超有趣的是，在我攻读研究生的时候，每次下课回家吃饭，都会迎来附近邻居的欣赏眼光，他们往往习惯性目送我从进家属楼区到单元门口，然后发出啧啧的羡慕之声。

每当这时候我就猜到，老妈肯定在和他们聊天的时候，夸奖自己的女儿多么优秀了。每次提到她的女儿，她都是一脸骄傲和自豪，长篇论述关于我的励志故事。

回首这么多年，我们家搬迁已有数次。

学业彻底结束之后，我这次玩得更大了，因为要离开家乡去往更大的城市，这一次大型举家搬迁横跨半个中国地图。

老妈一听我的想法，二话没说全然赞同，不顾亲人们的劝说，毅然决然卖了家中的房产，搂着老爸陪我来到陌生的都市。

一切重新开始，她一如既往的坚定，要做我最坚强的后盾。

而今，我的后盾就在身后的手术室。我从未想过这坚强的精神支柱也会倒下，也会生病老去。

我十分自责，天天梦想着追逐自由，追寻自己的价值，天天想着去找到真正的自我，想着去拯救世界改变人生，却连最亲近的家人都没有照顾好。这一刻突然懂得那句话：人生最大的悲哀就是你的成长速度，比不上父母衰老的速度。

在我追求梦想的途中遇到挫折和懵懂时，耳边总是老妈熟悉的安慰："有些东西，越在乎越难得到；当你觉得世俗的一切都无所谓的时候，很多意义和价值反而顺其自然赋予在你的身上！"

老妈说得对，人世的浮华与名利，越在乎就越难得到，我可以什么都不在乎，什么都舍弃，因为我最在乎的是你。

我可以什么都得不到，但我只求你和老爸健健康康地活到一百岁，一直一直陪在我身边。

是时候做个真正懂事的大人了，尽管在她的眼里，我永远是个孩子。

此刻，什么都不想，只想在未来漫长的时光，竭力做她最坚强的后盾和支柱，就像她曾对我的那般耐心与爱护、坚定与温柔。

世间的母爱，胜过所有的诗与远方。

谢谢你给世间涂写的所有美好，妈妈！

友谊的小船，真的说翻就翻吗

<u>01</u>

每当谈到友情的时候，你会不会第一时间就想起几个人，说起关于你们的故事时总是手舞足蹈。

你和他们彼此只要一句"你知道吗"，就打开话匣子，一整夜都聊不完。

我也一样，有几个聊得来的伙伴，他们开朗健谈，澄澈明朗，大家经常一起厌世吐槽、一起期待未来，每次在人前提起，我都发自内心的骄傲。

我更骄傲的是，自己有一个性格互补、精神契合、相处数十年互言嫌弃却分不开的密友，就叫她"猪傻傻"吧。她一点都不傻，反而很可爱，是个善解人意又乖巧的女孩。

很多美妙的关系通常并非一瞬间形成，几年前作为大学室友，初识的我们，并不看好对方。

作为冷冷的水瓶座，她觉我这个人太喜欢闲聊，像个大话痨；我是个火热的白羊座，反嫌她话少孤僻，摆张臭脸，不易相处。

她总埋怨我在上铺说话和笑声太大，一笑整个床铺仿佛地动山摇，我埋怨她在下铺涂指甲油，味道快熏死人；

她很火，因为我大半夜的煲电话粥，影响她睡觉，我很火，因为她大晚上吃宵夜，害我偷偷流口水；

她笑我脑袋大，就像个大头娃娃，我笑她的苹果肌，真的像两只大苹果，好像化肥吃多了。

总之，语言互损无止境。

这种"互不顺眼"的关系，终于在一次无意中被融化了，说来倒也有点荒唐。

有一次给室友们看手相玩的时候，我竟惊奇地发现猪傻傻十个手指全是簸箕，正好与我这十个涡纹完全互生互补。

踏破铁鞋无觅处，得来全不费工夫！终于找到一直想找的"另一半"了。

02

或许人的潜意识才是作怪的最大元凶，自从我们知道了这件事，都开始慢慢地挖掘对方身上好的品质。

事实上，我们有很多方面是很相似的。

我们内心向往的城市竟相差无几；

我们喜欢相同的科目和老师；

我们喜欢同一条小巷里的打卤面；

我们喜欢同一家品牌的热乎乎的奶茶；

我们喜欢麻辣烫、米线加同样的几勺醋；

就连吃火锅调制的蘸料都是神一般相似；

我们俩还有一个共同点，都喜欢学英语。

那时候很流行大学生考证，老师也经常鼓励我们，技多不压身。好，铆劲考四六级吧，决定好努力去做就完事了！

所幸我们新闻传播的课程不多，两个人一日不落，天天背个小包抱着一摞资料去图书馆啃英语。

当然，我们会困也会累，没关系，那就一起下楼出去吃甜品。

人生就是如此，诗与远方的想法仅是一瞬间的快感，可坚持的过程是枯燥无味的。

多次学习到疲惫的我们，喜欢站在大学图书馆的外橱窗，望着校园里的花花草草和来往的师生，畅想着人生无限种好的可能，为自己鼓劲，也为对方加油。

我们想要最美的爱情，我们想要最幸福的未来，那个年纪我们想要的很多，也很容易满足，很容易快乐。

哪怕只是美好的设想溜出嘴边那一刻，都宛若真的实现一般的幸福。

那时候的日子单纯而美好，最主要的是我们有目标、有动力。

好的关系，都是相互的，你对我好五分，我回你七分，下次我相信你会对我贴心九分，这样才能慢慢累积出深厚的友谊。

03

还记得那年寒假，我带"猪傻傻"回到我的老家，参观我从小到大读过书的学校，吃遍我从小到大喜欢的小吃店，两双脚丫踩着白皑皑的雪，走过所有我从少年到成年走过的足迹；

而后我们辗转去往她的老家，美丽的小城牡丹江，作为一枚吃货，永远难忘那里好吃的米粉和酱骨，当然，还有"猪傻傻"父母的和蔼可亲。

日久见人心，人与人之间的关系，用心去经营，怎么可能会不好。

细细回想起来，我们一冷一热的性格还真的很匹配，相处也一直很融洽，从未冷过脸肆意争吵。

或者这样说更贴切，那就是我俩根本吵不起来。

我发怒的时候，她会突然静如处子，她生气沉默不语，我就嬉皮笑脸去哄哄，慢慢熟悉了对方的爆破点在哪里，就成了默契。

生而为人，日子不会总是一直顺顺利利，总会遇到意想不到的艰辛和困难。

临近大四毕业，也是考研期间，或许是压力太大，我一病不起，"猪傻傻"夜以继日地照顾我，就像照顾孩子一样悉心。

早晨第一缕阳光晃醒了我，睁开困顿的双眼，旁边摆着头一晚絮叨着想吃的酸奶和水果，坐起身来，看到水果下面压着一张可爱的卡片。上面写着：好好休息吧，病假我会帮你请，记得吃点水果。

一转眼就是硕士入学初试，坐上轰隆隆的火车，久病未愈的我依旧苍白憔悴，她二话没说，陪我度过我人生最艰难的一次考试。

从笔试到复试的方方面面，她都一直在身边鼓励我、陪伴我。

我妈常对我说："有'猪傻傻'在你身边，一切都变得妥妥当当。"

人与人之间的亲密，都是细小的事情决定的，每一件小事都铸就了一次次难忘的里程碑。

04

大学几年，我们有无数个了不起的第一次，要不是打开我皱巴巴的日记，我差点忘了。

"第一次和蛮不讲理的人吵架；

第一次逃过无聊乏味的课程；

第一次拍脑子就准备编小品剧本；

第一次拉群演拍摄街头爱情MV；

第一次参加社团的舞蹈比赛；

第一次紧抓对方的手熬过滑冰测验；

第一次拒绝学校安排的实习去准备考研

……

你，是我这么多年最客观的见证人。"

是啊，她懂得我为了自己的向往拼搏而受挫的孤独；她见过我家庭变故状况的窘境；她看过我失去挚爱而痛哭流涕的无助；她了解我明知山有虎，偏向虎山行的鲁莽和冲动。

在我遭遇不顺时，想到的不是踩着祥云飘飘而来的盖世英雄，反倒一定会想到"猪傻傻"，这个就像我的影子一样懂我又理解我的女孩。

大学的几年就如指尖过隙般飞快，有苦有甜，我们彼此的岁月都有过起起伏伏，是她让我知道有个懂自己的人，是一种大大的幸运。

曾经最迷茫的岁月，正是有她无微不至的细心和柔软，使我相信所有的困难和考验都可以随着时间的流逝而变得云淡风轻。

我总觉得，她是世界上的另一个我，就像身体和影子，互相离不开分不得。

硕士毕业之后，我随着父母横跨几个省举家来到上海，做出这个决定那一刻我痛苦极了。

因为我即将失去我的影子，失去我最好的朋友。

初来乍到，除了陌生和不适，就是对她深深的想念，毫不夸张，那种滋味比失恋还痛苦。

来到这里没几天，我收到了一个很大很大的礼包，看到寄件人是她，急忙打开，发现是自己一直心心念念想要收藏的一套书。

书的最下面藏着一张卡片：即使相隔千里，看见了你喜欢的东西，还是会买下来，寄给你。

05

人与人之间，合久必分，分久必合，可我偏偏不信邪，只想争取一切可能和她腻在一起的机会。

那一刻，我做出一个果断的决定，就是拉着她一起来这座我们都喜欢的都市，相依相伴，一起找到属于自己的前程。

"怕什么，你不会一无所有，最少最少你还有我！"这是我在电话里对她说的一句话。

"好，等我，我现在买机票去上海！"电话那边的她和我一样，情绪激动喜极而泣。

在数次激烈的飞奔里，她是迎面而来的风，清清爽爽，怡然自得。

如果是真的友情，怎么忍心让这个人成为过客，一定要一把将他（她）揽到身边，一起探索人生无限的趣事。

后来，她在上海混得比我好，我总笑嘻嘻地对她说："你知道吗？我是你的贵人！"听到这，她总是一脸不屑地静静看着我。

还不承认？切！不信拉倒！

不是流行一个有趣的梗吗？友谊的小船说翻就翻，网上被调侃修改成了多个版本，船总是不停地翻。

友谊的小船，真的说翻就翻吗？

我们一起陪着对方走过那些最真实最美好的岁月，共同历经苦恼、惊喜、歇斯底里和痛不欲生，这么多年就像连体婴一样粘着。

在最经不住岁月摧残、最扛不住打击的年纪一起走过，我们也算生死之交了吧。

用心经营出来的交情，哪那么容易说翻就翻？

"我们未来会是什么样子呢，结了婚还会像现在这样吗？"就在刚刚，"猪傻傻"还在闲来无聊地问我。

"当然会，如果问对于未来的设想，就是一切如故！随意吃喝，痴心谈笑，与爱情无关的天长地久，最主要的是，在对方面前不用表现出很厉害的样子，永远不用伪装，可以做最真实的自己……"

她听后笑得满脸童真，就像第一次看到她笑一样，清风明月一般。

给未来的他（她）写一封信

未来的某某人：

你好，今天是2019年年底的一天，我在下班回家的路上，拿起手机，脑子里突然萌生出许多碎碎念，冒昧地想对你絮叨一下。我猜，现在的你，应该在忙，忙着事业，忙着生活，忙着追求，抑或者忙着困惑。

我不便打扰，于是我先写出来，以后碰面的时候再给你也不迟，只要你看到我就满足啦。好期待，可以遇到你。

爱，让世间的每个个体一生不必被孤独侵占太久。在我漫长而又沉寂的二十多年里，曾有过无数对爱情的想象。

我的另一半长什么模样，他开朗还是内向，他有什么爱好，他声音好听吗，他从事哪方面的工作，他会喜欢我的哪一面……各种好玩的想象，期待的过程朦胧又美好。

我喜欢"我住长江头，君住长江尾，日日思君不见君，共饮长江水"这样的语句。生而为人，谁不曾对爱情充满着执着的追求和热切的期盼呢。

关于爱情，优秀的条件始终受人热捧，比如风度翩翩的仪表、腰缠万贯的物质、学富五车的素养、广阔无比的胸襟，这些是女孩们不谋而合的择偶标准，仿佛要一一满足才叫完美的另一半。

我就不一样了，我没有教条世俗的标准。我觉得对的人就是对的人，选择的旅途那么长，等待的时光那么久，我的另一半——美好的你，必定是独一无二的。

01

你一定是见过大世面的男子，对吧?

记得读大学的时候，我超喜欢小鲜肉，就是现在常说的"小奶狗"男友，又萌又呆，听话又帅气，仿佛有"小奶狗"在的球场永远满溢着光芒。

单车、牵手、微笑、树影，美好的词数不胜数。然而随着年龄的增长，读过好多的爱情故事，看过周边太多的爱情情节。慢慢地，我更新了认知，变得更喜欢阅过大千世界、体验过百味人生、懂得珍惜、会把握分寸的另一半。

未曾见过多元世界的人，初识万物的繁华与多维后，难免会好奇萌生，蠢蠢欲动，想着去尝试、去猎奇、去体验。

而真正见过世面的人，对世界有着独到的想法和抽身事外的客观冷静，深知自己的可为，更懂得自己的不可为。

苏轼在《浣溪沙》中有一句词说得极妙——人间至味是清欢。见过大世面的人，不是穿金挂银说教显摆，而是阅人无数却返璞归真。

你就是这样的，我猜得对吗?

你一定有着收放自如的个性，勇于追求梦寐以求的一切，且处事有"度"的掌控，不失分寸，一切拿捏得刚刚好。

02

你一定和我很聊得来，是吧？

在说这个话题之前，容我先简单讲述一次我和一位行业导师聊过的一段话。

"你现在所做的事情，是你喜欢的吗？"他歪过头，有点俏皮地问我。

"我不确定是不是喜欢，只是觉得和共事伙伴挺对路，想继续做下去，仅此而已。"

我眨了眨眼，回答道。

"嗯，就是双方或多方的一种默契吧，互相欣赏又能互相学习，彼此合得来又聊得来，就自然会有一种动力去持续，但如果话不投机、磁场不合，即便你再擅长某个行业或某件事，你也会难以适从。"

他微笑着回应道。

工作如此，爱情何尝不是如此。听过这一席话，一语惊醒梦中人。

所以，亲爱的另一半，我们既然相爱了，相信我们必定是聊得来的一对。

在现实生活中，聊得来是多么的重要。在这个看似丰富多彩、选择多样的世界，磁场相合是有多么不容易。

说到这，我想起《艺术人生》的一次访谈。

朱军问一直单身的演员王志文："四十了怎么还不结婚？"

王志文说："没遇到合适的。"

"你到底想找个什么样的女孩？"朱军问。

王志文想了想，很认真地说："就想找个能随时随地聊天的。"

"这还不容易？"朱军笑了。

"不容易。"王志文说，"比如你半夜里想到什么了，你叫她，她就会说，几点了？明天再说吧，喏，你立刻就没有兴趣了。"

亲爱的另一半，我讲了这么多，只是想说，若我们能互无芥蒂、互有默契，有话说、有的聊，那真是太幸福了。

你用你的包容和温柔给我被认可和被接纳的感觉，我用我的正能量和乐观活力，筑造你内心灵魂的温暖和充实，默契快乐地走完我们的一生。

03

你必定是孝顺父母的人，对不对？

在这个世界，生活纵然是艰辛坎坷与快乐顺畅的交响曲，跌宕起伏无人幸免，但总有人会真心赋予温暖，且毫无保留，那就是我们的父母。

从小到大，爸妈都是我心里的超人，然而超人也有软弱害怕的时候。

小时候的一次，我和爸妈一起参加阿姨的婚礼，接亲现场人多环境杂。我怕被人挤倒，就在离爸爸不远处玩沙包，然而他并不知晓。

正玩得开心呢，突然听见人群里有人喊我的名字，侧耳一听是爸爸，于是顽皮的我鬼鬼祟祟地藏在我玩耍的拐角，捂着嘴巴等着看老爸着急的样子。

得知老爸在找我，亲戚也帮忙一起找。很快，老妈闻声赶来，着急地问怎么回事。

躲在一旁的我，还意识不到事情的严重性，仿佛脑子里只有和小伙伴们玩捉迷藏时那种胜利的感觉。

当我再靠着墙头往那边张望的时候，我听见老爸发出那种至今我都无法形容的声音："完了，我们的孩子丢了。"

让我记忆犹新的不仅是他的声音，还有他说话时情不自禁地流下的两行泪，那张脸憔悴沧桑又仓皇失措，真的仿佛瞬间老了许多。

原来老爸也会哭？记事以来我第一次看到，我知道大事不妙，立刻跑了出来。爸妈见到我的那一刻，两个人紧紧地把我抱住，让我难以呼吸，但我能清晰地感觉到他们的紧张和在乎。

从那以后，我再也不会任性和顽皮了，因为我怕看到他们担心和焦急的样子。

从小到大，爸妈总能看到我的闪光点，并从正面鼓励我，给我精神层面乐观积极的"富养"环境。

他们总说，我是他们引以为傲的乖女儿。其实，他们是我坚强勇敢的支援后盾才对。

亲爱的另一半，我希望你能爱我的父母，当然，我也一样爱你的父母。他们在，我们永远是个孩子，他们走了，我们的人生就只剩变老。

子欲养而亲不待，是人一生最大的挫败和失误。

相信两个人相爱，两对父母健在，是我们最幸福的事情之一，不是吗？

04

　　这个世界从来就不是完美的，也没有最容易的一条路可以走。所幸，总有不期而遇的温暖和生生不息的希望，等待我们去感受、去拥有。

　　比如，我遇见你这件事。

　　好多人都盼望着寻找一个适合自己的人，可是哪有什么完全适合的人，问题的关键不在人的属性本身，更重要的是，一旦互相吸引，双方是如何经营感情的。

　　能遇见爱情是件幸福的事，但如果把幸福持续到一生之久，那便成为人生中一件了不起的事情。

　　亲爱的另一半，我知道即便我们再默契、再合拍，也难免会有分歧，但我希望，在遇到分叉口的时候，我们能坐下来好好谈谈，多一份信任，多一份尊重，同时别忘了退让和包容。

　　亲爱的另一半，相信成熟的你一定比我还清楚，好的爱情滋生的不是拖累和纠缠，所以我们都要好好保持自身的姿态，不断成长和学习，进而做好独特的自己，在彼此心中不断赢得赞许和崇拜之情。

　　亲爱的另一半，我希望无论我们多么的忙碌，也要尽量抽出时间进行沟通，多做两个人同时喜欢的事，哪怕是坐下来，喝杯醇香的咖啡，笑着说说一天的收获、感触。

　　亲爱的另一半，生活给人的压力谁也逃不过，我希望我们能正确发泄怨恨和怒气，理智处理心烦和气躁，有话好好说，有事慢慢讲，在感情多年的考验下逢凶化吉、遇难成祥。

　　真正的爱情，需要的不是等待，而是刚刚好。没有早一步，也没有晚一步，冥冥之中就遇到了对方，仿佛看到另一个自己，喜悦之情藏都藏不住。

　　真心希望我们的爱情，能够无畏时光的变迁、容颜的沧桑，只要有对方在，就不必羡慕别人的恩爱。

　　亲爱的另一半，愿我们在阳光下像个孩子，共同用柔软的心，感受世界发自肺腑的善意；在风雨里做个大人，一起用强大的力量，抵挡世事难以回避的恶意。

小牛君

2019.12

写给你的碎碎念

"弯弯月亮睡不着

我回忆还在傻笑

你轻轻来到

住进我心跳

我的世界有你刚好

彼此都有些麻烦

心里是爱笑的伴

……"

01

悠扬深情的旋律，触及心灵的歌词，当乐曲传入耳畔时，猝不及防地就让我想起了你，我不知道要对你说些什么，却按捺不住双手，噼里啪啦地敲击键盘，更难以掩饰自己想对你倾诉心声的冲动。

我是个白羊座，是个风风火火的感性之人。你却刚好相反，像一片纯澈见底的湖泊，是一位清凉凉的沉静之人。你讨厌轰轰烈烈，我默默歼灭了自己三分钟热度的坏习惯；你不喜欢马马虎虎，我尽自己最大力量去塑造自己，变成柔和细心的女生。

小时候，听歌曲通常喜欢欣赏律动和节奏，慢慢长大了，开始附和着一字一句的歌词，入戏般地回溯发生在自己身上的过往，体悟那些潜藏在脑海里亟需消化的情感和哲理。

尤其在认识你之后，每每听到悠扬的情歌，都会不自觉地想到你，时间就像小船一样淡淡飘荡在你我之间，细水长流的相处模式轻轻推着我们不断向前走。

有人说，感情就像握在手里的沙子，越用力反而流失得越快。有些爱会输给琐碎，败给时间，变成一盘散沙，风一吹，就散了。

我深以为然，于是放慢脚步，给你足够的尊重和相对的自由，注重挖掘内心深度和涵养，慢慢供养你和我当下恰到好处的感觉。

小时候总渴望爱情早日降临，幻想身披金甲的英雄和骑白马的骑士，直到遇见你的那一瞬间，我蓦然醒悟，原来喜欢上一个人，所有的标准都不重要了。

别误会，并非你没有优点，而是你在他人眼中的缺点在我的心里都反而变成了独树一帜，还让我欣然接受。后来我终于晓得，这个莫名其妙的来由，叫作"爱屋及乌"。

02

我的而立之年就这样扑面而来。当然，这并不影响在喜欢的你面前，做一个幼稚无知的孩子。

前两天你太忙，因为没能陪我看一场期待已久的电影，我和你闹了情绪。你没怪我蛮不讲理。虽然我嘴上没说，其实内心很庆幸，因为你懂我的索求和小心思，还有你能看穿我的伎俩，却没斤斤计较。

当然，你也有你的两面性——外在坚若磐石，内在却极富敏感和脆弱，于是在满足你自尊心的前提下，做你耐心的倾听者，成为我的必修课。

为了能在精神上给你足够大的支撑和慰藉，我借用文学中的人物典故给你鼓劲和支持，当然，你也会给我讲你自己读书和进入社会后各种有趣的故事。我很喜欢听你讲，因为在那些过往里，有你的影子。

留在身边的都是礼物，这句话我十分赞同。留下的，都值得被珍惜，比如你。说实话，和你这么久以来的相处，我变得更加成熟，同时你也赋予了我深谙细腻的力量。

记得有一次我对你说，你有极为细腻和追求完美的品性习惯，却有着不太柔顺的灵魂。你为此气呼呼，其实我是逗你玩的。你的灵魂和内在都很干净，也很通透，只是你不习惯表现出来。

你的真诚和温柔是藏在骨子里的，隐匿在很多为人所不知的角落，只有和你慢慢靠近，你才会放下防备和抵御的外壳。我知道，你只是不喜欢矫情和虚无的东西，就像你经常说的，"胃不好，心灵鸡汤那类东西，消化不了"。

03

真正喜欢一个人，其实真的说不出什么原因，就像是一种解释不来的宿命，尽管我不是个宿命论者。但这份沉甸甸的情感更像是冥冥之中的一种安排，一种十分妥帖的安排，让我心甘情愿地服从分配。

我对你的真挚，自己不好说浓厚，作为一位资深吃货，我把它比喻成千层卷蛋糕——你剥一层，就多了一层的甜度和醇重，绝无杂质，全是满满的真诚。

记得电影《后来的我们》中，小晓问见清："为什么从来没有一个故事，从头到尾都是幸福的?"见清沉默了一会儿，很扎心地说："幸福不是故事，不幸才是。"没错呀，因为幸福是童话啊!

书中和电影里好多唯美的桥段，荧屏上羡煞旁人的关系，这是戏剧化的情节，我个人觉得只是为了让观众难以忘怀。我相信缘分，但我更清楚一点，缘分只会给予我们遇见，后来的后来，全部源于人为主动珍惜的力量。

没有时间不能磨平的伤疤，也没有认真和珍惜的态度经营不了的关系，分歧是慢慢累积的，默契也是。长久的亲密都是用心呵护而来的，不仅是爱情，更不仅限于人与人之间。

假如我可以拥有一种特异功能，我只愿用尽一切魔法让你开心，让你不必那么消沉，让你不要放弃心中笃定的、让你觉得欢喜的事物，让你对生活少一分怨怼，多一分感激，少一分孤独，多一分安全感，让你拥有更多闪闪发光的幸福，去拥有更加广阔的世界。

人生漫长，我们好生走路，希望我们既能居有定所，也能浪迹天涯。日子之所以持续过下去，是因为快乐和美好终究占据人生的大多数。

那一刻，你的光照亮了我

01

上海今天的天气不大好，白天时阴时暗，到了下午五点多，狂风突然席卷着雨滴，铺天盖地地袭来。我赶紧关了窗，屋外狂风暴雨与室内安静恬淡的氛围，形成一种鲜明的对比。

难得的空闲，顺势从桌边抽出一本三毛的书。"有些人会一直刻在记忆里的，即使忘记了他的声音，忘记了他的笑容，忘记了他的脸，但是每当想起他时的那种感受，是永远都不会改变的。"这段话一直让我印象深刻，也十分赞同。

世上再奇的女子，也要在人间烟火中寻找情感的寄托。三毛选择了荷西，选择了她最能伸手触摸的幸福。在她内心的深处，与荷西的爱恋，甚至愿意用童话般的思维去净化和升华。

喜欢一个人，他是会发光的，是人群中最靓的仔，是夜空中最亮的星。就像阿信的《追光者》中写道："如果说你是海上的烟火，我是浪花的泡沫，某一刻你的光照亮了我……我可以跟在你身后，像影子追着光梦游……"

人人内心深处都有喜欢的人。那位会发光的土象星人，他的举手投足和只言片语，在我的眼中，都像是举目那一片灿烂耀眼的星河，熠熠闪光。和他在慌乱中无意的四目交接，或近在咫尺的遇见和闲谈，都会让我幸福万分。

正因为有了他的存在，世间变得那么的美好，让渺小的我有梦可做，且是做着最美最甜最酣畅淋漓的梦。

02

喜欢，究竟是一种什么毒？

大概就是我近视却坚持不戴眼镜，在模糊不清的世界里，一眼就能在人群中分辨出他的脸；明明那么骄傲的我，喜欢他之后，总觉得自己这里不好，那里不好；从来不信星座的人，居然经常分析他的星座。

和这位土象星人从相遇相识到相知，一切就在小火慢炖的咕嘟声中默默行进，不知不觉中变成病入膏肓般的心动。喜欢一个人的感觉，大概就是听到别人讨论爱情的时候，我只会想起他，别人提起他的名字，便顿时方寸大乱、坐立不安。

看见好玩的事情想和他分享，看见愤愤不平的事情想和他倾诉，研究他喜欢的手表、他喜欢的配饰、他喜欢的鞋子和穿搭的风格，哪怕是他的美食拍，都将拉开我们聊天的序章。

事实上，他每天都很忙，但仍然抽出时间和我分享生活，教会我要如何爱自己。我们身在不同的星球，虽然性情不同，但是却刚好互补。

重读儿时喜欢的《小王子》，便不觉与作者安东尼有了共鸣。"如果你说你在下午四点来，从三点钟开始，我就开始感觉很快乐，时间越临近，我就越来越感到快乐。到了四点钟的时候，我就会坐立不安……"

是啊，每次想到他，嘴角不自觉上扬，满心欢喜，像一艘独自在海上前行的小船，终于找到了灯塔，离幸福最近的地方，触手可及。即便到不了远方，那光芒依旧指引着我奋力前行，且是快乐前行。

03

当然，成年人的世界，仅有喜欢是不够的。

在土象星人的眼里，我是个活泼开朗、不谙世事的女孩，虽然作为火象星人的确爱冲动、喜形于色，但更多时候，我只是在摸索尝试中找出相处的最佳模式，或许方式的选择不佳吧。

他总是用一种无声的方式去包容，因为他明白我嘴硬下的心软、坚强背后的硬撑。待我冷静过后，再给出足够的台阶，免我自尊受挫。虽然嘴上不说，但内心还是蛮感激的，感激他的成熟和理性，没被我轻易摧毁。

渐渐地，我收起性格上的棱角，从长远角度去看待和珍视这份弥足珍贵的情感。从考虑自己到考虑双方，从肆意索取到默默付出，从任性妄为到体谅理解，相处中小心磨合，陪伴中不忘共同成长，并驾齐驱、互相帮持，不刻意、不随意，自由而又相互依赖。

时间是最好的见证者，一时的好感最容易消散，但真正的感情，定会留在两个人久处不厌、闲谈不烦的历练和成长过程里。无论相处多久，双方都愿意不断地了解彼此，把对方勾勒在自己的蓝图里。

生事若斯聊尔尔，人言何足辩云云。若有一天，发觉自己变得越来越积极地构想对生活的期盼，对世间充满了敬畏和喜爱，找到了自己最恰到好处的成长方式，也更懂得如何设身处地为他人全盘考虑。

或许，这才是喜欢一个人真正的意义所在吧。

你在哪里，请跟我联络

回忆剥落，
看见小时候，
在小城长大的人儿，
一直在我斑驳的童年回忆中，
随时晃动起梦呓般的朦胧之美……

01

孤舟漂流，鹰跃长空。往事如烟，一瞥惊鸿。时过境迁，倍感幸福的是，岁月无伤，你我无恙。

一个人安静冥想的感觉，酸酸的、振奋的、忧伤的、浩渺的，回忆其实很好玩的。

念旧有什么不好，只要不深陷其中不可自拔，无事之时拼凑一下记忆，并没什么坏处。人不怕时常回头看，就怕一直执意前行，横冲直撞忘了自己来时的路。

02

我喜欢回想旧事、念旧人。正是因为他们，才促使如今的我成为一个饱满真实的个体。每个人的出现，每个环节的转折点，都是缺一不可的。有的好友失散了，失散的过程甚至是悄然无声的，可是我仍然很惦记他们。

我七八岁时候的邻家小伙伴大蕊、阿爽、林琳姐；我读书时玩得好的同学，小关、小彤，还有赵鑫、季婧、白灵。每次想起他们，都情不自禁地想笑，因为和他们在一起真的好开心，我快乐的时光离不开他们的陪伴。

小学时候的我，是什么样子呢？很听话也很老实，只跟合得来的人话多，其他人面前比较内向寡言。我记得那个时候，我和季婧、白灵三个女生组成了一个"三人帮"，关系铁得很。

上厕所一起去，放学一起走，心事共享，互不猜疑。我们三个都各有特色，季婧学习成绩最棒、白灵长得最好看，只有我，外貌一般，成绩一般，却最喜欢给她们讲故事。

我会把很多听过的看过的事情，加上自己的联想，以夸张的手法说给她俩听，她们也颇感兴趣。每次下课都会过来听我嘟嘟嘟地絮叨个没完。

我记得季婧笑起来特别大声，咯咯哒的那种；我记得白灵每次微笑时，右脸颊都有一个浅浅的梨涡，很淡却很美。

临近毕业三个人一起逛街，互相赠送毕业礼物。我记得她们给我的礼物，一个是金色的硬币储蓄罐，一个是我偶像的签名画册，这些礼物，至今在我书橱里干净整洁地摆放着，尽管多年来家中经历多次搬迁。

03

还有我人生第一位异性好朋友——小关，他和我们"三人帮"是同班同学，人瘦瘦高高的，面方白净，话少笑少，或许是后来转校到我们班的原因吧，起初没谁和他一起玩。

每次大家围在一起做游戏的时候，他总是一个人站在那里对着大树发呆，终于有一次他很勇敢地走过来："我可以和你们一起玩吗?"

但由于女生多，男生难免不受欢迎，加之大家年幼无知，都很排斥这个外校的男孩，我抬头看着他，单纯的眼神里时时流露出善意的孤独，很是不忍心。于是我执意拉他进入我们的小团队。

就因为这事，之后的整个小学时光，我便背着和他早恋的黑锅。记得在我12岁生日的时候，他用零花钱给我买了一个鲜奶蛋糕，上面还写着我的名字。

我当时坚决拒收，怕班级同学看见会拿此事做文章，可是处于少年时期的他却说了一句特别爷们的话："反正你是我绯闻女友，我对你好是应该的嘛。"现在想起来都好暖好暖，尽管时过境迁，他早已娶妻生子。

大蕊、阿爽，还有林琳姐，她们是我的邻家好朋友，离开了校园的"三人帮"和我喜欢的小男生，放学回家做完功课，抑或是寒暑长假，就有这一帮小伙伴陪我玩了。

大蕊又高又胖，但身手灵敏，跳皮筋玩得很溜，一笑傻里傻气的，每次写作业都喜欢抄我的。

她很喜欢吃肉，多次硬拽着我去她家，品尝她妈妈的拿手好菜——红烧肉。嗯，确实很好吃，我记得深着嘞。

阿爽和大蕊的身材正好完全相反，瘦弱得像个小电线杆，眼睛大大的，有着仿佛能洞察人心的深邃，她最喜欢的不是学习，不是看书，不是逛街，也不是玩游戏，而是看恐怖电影。

我们在这个问题上十分默契，无论玩耍的过程多么不合拍不高兴，只要一个人突然说出一句话，走吧，去我家看恐怖电影。那我们绝对冰释前嫌，立马兴奋起来。

林琳姐比我们要大一些，年长五岁左右吧，我读一年级，她马上升初中，她冰雪聪明、个高腿长。最主要的是，学习很赞，每次我有什么学习上的疑惑，到她面前一定可以迎刃而解。

大家一起玩的时候，对于不公平的游戏规则及个别人的耍赖现象，林琳肯定勇敢说出来，什么事情都处理得不偏不倚、恰到好处。我喜欢林琳的正直和坚强，也羡慕她左衣袖上的三道杠，闪亮显眼而又名副其实。

相信每个人都有几个难忘的好朋友，小时候一起长大的玩伴，上学时形影不离的同学，大学时亲密无间的舍友，初入职场心有灵犀的好同事……

我们曾亲密无间地走过一段长长的路，分享过彼此最隐秘的内心，全世界都知道我们关系最好。那时候没有想过我们会分开，没有想过说了再见，就真的很难再次见到。

04

渐渐地，人生的道路顺流分岔，各自奔往不同的方向。慢慢的交集越来越小，接触越来越少，彼此有了新的圈子，那段不可割舍的亲密终究被时间的洪流冲散。不知不觉间，不痛不痒地就断了联络，甚至没有正式告别的仪式。

亲爱的，尽管好久没联系了，但是我并没有忘记你们，我还是时常会想到你们，你们的声音，你们的样子，虽遥远但却亲切……

有些友情，沉封很久，但醇香不减。就像一棵老树，它的残枝败叶、流年斑驳的旧痕，往往才是最自然的美。人一辈子能有几桩这样的美好旧情，这何尝不是一种幸福呢。

曾出现在我生命中的朋友们，愿你们幸福。

三、但行好事，莫问前程

但行好事，莫问前程

01

人生如水，没有梦想的人，就是没有方向的河流，注定无法汇入大海。

有人说梦想太俗，其实不然。梦想，是令人一直坚持都觉得幸福、回忆时禁不住热泪盈眶的一件事。

脚踏实地追寻梦想，哪怕是微小的目标，也值得骄傲，因为无数微小的目标积累起来，就是宏伟的愿景。

人坚持自己的本心向前走，便会发现，越前行就越有趣，越会看到更多美丽的风景，经历更多新鲜的事物。

记得几年前考研究生的时候，自己的想法很简单，只管默默用功。根本没想过退路，没设想那么多假如。争取背会每一个单词，做好每一道小题，坚持专注、认真的态度，小心翼翼地捍卫着内心对学术的追求。后来这份坚持不懈果真带来回报，让我深感付出的深刻意义。

它是我人生中微不足道的一件小事，却让我明白：在这世界上，尽管很少会有奇迹发生，但拼搏奋斗之后，岁月总会还给你欣慰和感动。你应得的部分，自然会按部就班地来到你的身边。

事实上，实现梦想很简单：不断往前走，从失败错误中获取经验教训，形成正确的理念和价值观，抱着坚韧不拔的态度勇敢地做下去就对了。行百里者半九十，坚持的价值非同凡响。

每个人都具有成为强韧"宝剑"的潜力，但不经过淬火锻造，去除杂质，是无法成为优质的"宝剑"的。

你不辜负这个世界，世界就不会辜负你。在成长的路途中，起初我们总会看到泥沙俱下的状态，滋生很多担心。就像小河入海，初入海中浊浪滚滚，但一流入宽广的大海，大浪淘沙，必将出现蓝天碧海。

02

人生不息，梦想不止，才不白走一遭人世。现在要做的，就是找到生命中的北斗星，绘制心中的梦想宏图。

离天空最近的地方，其实，就是内心最无与伦比的梦想。无论如何都要记得：你就是你，你就是世界上独一无二的你！

做一件事情最原始的动力，就是热爱。希望每个人都能勇敢地追随自己的内心，做自己真正喜爱的事情。喜欢做的事情，就认真地去做。不要害怕困难，也不要害怕失败。把任务做到极致，做到计划中的最大化就可以了。

唯有割舍，才能专注。做内心喜欢的事情，把其他的暂时都抛开，人如果能找到自己真正喜欢做的事情，并且能专注地坚持下去，本身就已是一种幸福了。

03

以后的你，记得珍惜相处得来的人。要学会更加温柔地对爱我们或我们爱的人，认真接受认真付出，认真对待与你交心的人。和相处舒服的人交往，与三观一致的人交流，一旦遇到了，就好好地把握。

因为遗憾与后悔比什么都让人难过，不懂得珍惜的那些人，相信生命的质量将会大打折扣吧。

读万卷书，行万里路，好好升华自己的心灵，细心把自己照顾好，也要学会感恩身边的贵人。认真修炼一颗温润的心，心怀感恩，人才会越活越知性。

莫攀比，少抱怨，卸下身上的伪装，素心向简。放下过去所有的计较，寻找新的目标，未来或许诸多牵绊，别恐慌、别拧巴，勇敢地面对一切。

人活一口气，佛争一炷香。人不能太将就自己，无论如何，要活出一种精气神，坚定信念，把持自我。做一棵坚韧不拔的青松，只有如此，生命才会光彩夺目！其实，每个人都是独一无二的。你就是你，世界上独一无二的你，从来没有人可以取代的你。

04

好好体会平淡中的那些小确幸，人的消极，多是因为过于关注自己，而忽略了关注外围的环境和大千世界中的另一个自己。

无惧世俗的眼光，倾听内心的声音。我知道在这个世界上，人是不可能完全按照自己的意愿去度过一生的。

当内心真正吐露诉求的时候，希望我们能够有勇气去抵制懦弱，做到无惧世俗的眼光。

从今以后，请带上勇气和真实，成为最好的你！愿每个人都能成为最好的自己，过上自己想要的生活。

你所谓的"大器晚成"，不过是"坐吃死等"

01

励志的摩西奶奶曾经说过这样一句话——人生没有太晚的开始。

是啊，对于我们每个人来说，最早的开始就是现在，最合适的时机就是此时。

做什么事情都别问来不来得及，很多条路走着走着，就会发现其实也并没有那么难以到达。

总之，不留余力地努力，结果不重要，最坏不过大器晚成。

"大器晚成"这个词语出自《三国志·魏书》，所谓"大器晚成者"，就是一个人成名较晚，但终至高远。

02

姜子牙年轻的时候做过宰牛卖肉的屠夫，也开过酒店卖过酒。所幸他人穷志不短，无论宰牛也好，做生意也好，始终勤奋刻苦学习天文地理、军事谋略，研究治国安邦之道，期望能有一天为国家施展才华。

然而，人生之路岂能事事遂愿，就这样等啊等，一直到70岁，姜子牙还是没有机会展现自己。

他得知周文王广纳贤士，便毅然来到渭水之滨，终日以垂钓为事，以静观变化，待机出山。

后来，故事终于发生了转折，也就是我们熟知的"姜太公钓鱼，愿者上钩"的典故。

姜子牙在辅佐周文王期间，为强周灭商制定了一系列正确的内外政策。他的大智慧被君王赏识，才华得以施展，可以说是典型的"大器晚成"之人。

70岁依然在默默静待时机，有几个人能像姜子牙一样耐得住性子？

耐住性子是其一，在这孤独落寞的几十年里，又有谁能像姜子牙，多年如一日，持之以恒地勤奋苦读，研究军事谋略，掌握治国安邦之道？

我们只是看见他晚年的备受器重和德高望重，却忽视掉这么多年姜老先生坚信不疑的笃定和沉着淡然的执念。

"大器晚成"，首先要保证自己真的是个宝器。

"晚成"是有前提条件的，如若总是拿"顺其自然"来敷衍，两手一摊、无所作为，又怎么可能有所成呢？

等待"大器晚成"的每一次日出日落，都不能仅仅靠坐吃等死来度过。

路在脚下，路还很长。等待时机很重要，但也要始终保持进步和前行啊。

03

吴承恩，说起这位伟大的作家，称得上人尽皆知，据说他正式写《西游记》时已经是72岁的高龄。

好饭不嫌慢，成功不怕晚，我们脑子里第一个想法就是这样的，对吧？

然而，我们不能忽略的事实就是，吴承恩从小就勤奋好学，一目十行，过目成诵，不仅精于绘画，擅长书法，少年时代他就因为文才出众而在故乡出了名。

根据《淮安府志》记载，吴承恩"性敏而多慧，博极群书，为诗文下笔立成"。

事实上，吴承恩30岁左右的时候，就已经有了创作《西游记》的打算。

十年磨一剑，我们能够看到的光芒和闪耀，背后是他们对无尽孤独和黑暗的抵抗，对枯燥无聊的时光报以不懈的坚持。

一件事情，无论是大是小，哪有那么快就获得成功的，即便得到了眼前的成果，也不过是为了后面的更高级别挑战打下的小小的铺垫。

想要身段优美，报了班学了几天舞蹈，嫌累怕苦；算了，不是跳舞那块料，放弃了。想要提高文学造诣，写了两天半的无关痛痒，词穷写不下去了；算了，写作靠天赋，放弃了。想要提升素养，买了一大堆书，刷刷微博瞧瞧微信；算了，眼睛好累，明天再读，放弃了。想要苗条好看，计划节食多运动，看见美食又失控；算了，减肥靠体力，先吃为敬，放弃了。

想要超凡脱俗，小事不屑做，大事又没机会，命不由我世态炎凉，只能自甘堕落……

无论哪件事情，都没坚持一年半载的，后来便不了了之，这结果怪得了谁呢？

做什么事心都静不下来，目光短浅、格局有限，斤斤计较、毫无远虑，什么事非问出个付出回报的比重，什么事都要先计较一下得失……这种人怎么会有所成就呢？

有人说，上面这几个例子和"大器晚成"没什么太大关联呀，说的就是！小事你都坚持不了多久，还谈什么大器晚成？

04

村上春树，人到中年才写了第一篇小说。

被我们忽略的是，他少年时代就热爱写作，多年保持严苛的生活习惯，大量阅读，潜心创作，没有丝毫怠慢，这为日后他成为大作家而奠定基础。

少年时有文采，毕业于重点大学的人数不胜数，他凭什么大器晚成？

就凭他内在的笃定和坚持！

他用漫长的人生印证着自己的话：无论别人怎么看，我绝不打乱自己的节奏，一切慢慢来。

村上君在《奇鸟形状录》中说过：

我或许败北，或许迷失自己，或许哪里也抵达不了，或许我已失去一切，任凭怎么挣扎也只能徒呼奈何，或许我只是徒然掬一把废墟灰烬，唯我一人蒙在鼓里，或许这里没有任何人把赌注下在我身上。

无所谓，有一点是明确的：至少我有值得等待又值得寻求的东西。

人生漫长，其实也是睁眼闭眼的工夫。"大器晚成"取决于你年轻时干了什么。

如果自己一点都不积累，不为未来规划做好铺垫，即使活到80岁，也一样碌碌无为，不会有所成就。

"大器晚成"，不是坐在那里干等机会和机遇，不是坐吃山空，不是坐吃等死，等着老板赏识你，等着大佬欣赏你。

大器晚成应该是先按捺住自己的焦躁，静下心想想自己的闪光点和短板，扬长避短，根据自己正确的方向，按部就班一步一步走下去。

无论你在哪条路上前行，水深火热或者坦然笃定，都要保持好信念，尽力把事情做到最好。

只要笃定而动情地活着，为自己的所爱去付出，即使生不逢时，人生最终的结果，也会大器晚成。

就像励志语录说的：最坏的结果，不过大器晚成。

只是，它需要我们为了自己不变的初心，不断付出与耕耘积累，只有这样，才会为人生的峰回路转埋下好的伏笔。

更重要的是，我们奋斗在路上，一步自有一步的欢喜，用最适宜的方式，活出自己的精彩。

我们年纪轻轻，却活得死气沉沉

01

有人说过：对于那些内心充溢快乐的人们而言，所有的过程都是美妙的。

然而，不知为何，快乐，对于我们来说，简直是越来越难了。

心理学家研究出的"快乐定律"是这样的：但凡遇到什么事情，只要你往好处去想，你就会快乐，你非要钻牛角尖，往消极的方向去考虑，那必然难以顺心。

比如，即便你掉进小河里，都可以设想，说不定刚好有一条鱼会钻进你的口袋。

这个比喻听上去很有趣，也有人会说这十分无聊，但是不可否认的是：人活的就是一个心态，就是要讲求趣味性，若什么事情非要往坏处想，什么事情都消极面对，那你的人生又怎么会活色生香、妙趣横生呢？

02

五一黄金周的假期，原本跟几位朋友约定一起去周边景区游览，各自带闺蜜、对象，七七八八便组成很多人的团队，大家好不热闹。

多数人的脸上洋溢着甜蜜的笑容，一副兴高采烈的样子，唯独有两三位朋友的朋友始终绷着脸，全然是高冷范的模样，爱答不理的，与我们几个笑点低、爱玩爱闹的人形成鲜明的对比。

既然大家难得聚在一起，出来玩就是为了开心放松，干吗要端着肩膀、绷着脸呢?

最初号召大家一起的，是我的多年好友阿鑫，他人很好相处，从上车开始，就一个劲的活跃气氛。

他拿出事先准备好的桌游小道具，告诉大家游戏的规则，展示出几十张花花绿绿的卡片，让每个玩家拿取6张卡片，轮流担任裁判，裁判要挑选一张卡片，给出有关的叙述，不能太模糊，也不能太明显。

然后，其他人也挑出一张自认为最符合叙述的卡片，面朝下递给裁判。除了裁判以外的玩家要投票，有人猜到裁判的卡片就可以得分，成功诱骗到其他玩家投自己的卡片也可以得分，但如果其他玩家全部猜中或没猜中，裁判没分，其他人都可以得分。

整个游戏包含了许多主题，不仅有趣，同时也可以让每个人发挥天马行空的想象力，可见阿鑫的用心良苦。

然而，一开始难免会技巧生疏，没有默契度，就因为这样，那两三个高冷范儿的人开始就不怎么愿意配合，气氛变得逐渐尴尬。有两个低着头拿出手机，不会玩也不好好听规则。更有一位甚至索性靠着椅背闭起了眼睛，嘴里还不时嘟囔着："多大年纪了，玩这种游戏幼不幼稚啊，真没意思，早知道在家里宅着算了。"

这时，我看到阿鑫和几位朋友的脸立刻沮丧下来，游戏也就不欢而散了。

车还在轰隆隆地向前行驶，外面的天空看上去澄澈湛蓝，跃进车内的空气甜蜜而柔软，明明是一次充满期待的快乐旅行，不知为何，突然就没了兴致。

03

"真没意思""太幼稚了""好无聊啊"……

不知道从什么时候开始，我们的生活中出现了越来越多的负面情绪。

什么活动都懒得参加，什么新鲜事物都懒得尝试，什么新朋友都懒得认识，看不进去书，耐不下性子，沉不下心，谁都不想亲近，谁也不想搭理，恨不得分分钟把自己和外界隔绝开来，把自己困在孤岛里。

年纪轻轻的，非要提早体验孤寡老人的感受，还总是纳闷，为什么自己做什么事情都开心不起来呢？

殊不知，人最大的敌人不是贫穷，而是无趣。做什么事情都没有热情，不用心思，都消沉对待，不仅自己终日郁郁寡欢，还给身边人带去了无尽的负面能量。

作为群居动物，我们难免和各种各样的人接触，假如做人太过僵硬、无聊，就会很煞风景，给人不合群的感觉，整天没精打采、郁郁寡欢、唉声叹气、蹙额愁眉，搞得就像谁都欠他似的，只会给别人添堵。

什么时候人们会产生厌世的情绪？

那就是当他觉得一切都索然无味、无所期待的时候。

梁启超在《党政视野》曾经说过这样的话："我以为：凡人必常常生活于趣味之中，生活才有价值。若哭丧着脸挨过几十年，那么，生命便成沙漠，要来何用？"

做一个"妙趣横生"的人，何尝不是一种成功？

身边有很多人很能干，事业成功，财富不少，但假如他很没趣，他就不算是一个完完全全幸福的人。真正幸福的人，他们的品格里必定有一个构成要素，那就是有趣！

当然，"有趣"很容易被很多人误解，它作为当下快节奏生活的罕见之物，与性别、学历无关，与工资、身份地位和任何外在条件无关，与荣华富贵、穿金挂银更是毫不相干。

04

人生百年，说长不长，说短也不短，我们常常习惯沉溺于舒适区，却也偶尔会产生厌倦的情绪，这时候，"有趣"的调味就变得异常的重要。

不平凡的人注定有不平凡的一生，但有趣的人生未必需要一定是人中龙凤，他们也可以很平凡，但在平凡的标签之下，却也藏不住熠熠发光的闪耀。

记得大学实习的那段时间，我认识了一个志趣相投的好友，他年纪与我相仿，性格却是十分的幽默风趣，在周围人的眼里，仿佛什么困难，他都可以很乐观地面对。

有一次，几个人坐在一起吃饭，他讲了自己刚刚来这座城市打拼的经历，从苦到甜，我们听得津津有味，说到起初那段艰难的过往时，我禁不住问他："那时候一个人漂泊在外，工作又那么辛苦，孤苦伶仃，你怎么熬过来的？"

他满脸堆笑地说："伶仃是真的，孤苦就不是了，因为我觉得每天都很有意思，和不同的人打交道，认识不同性格的人，挑战各种未知的事情，多有趣啊。"

他的乐观和趣味不是装出来的，是我们有目共睹的。

我们都知道，刚刚到了陌生的城市，他就碰到了一位黑心房东，中间怎么算计暂且不提，后来难得逃离了那里，路上又被扒手盗走了钱包。

鬼知道家中本不富裕，顶着压力走出小山村出来闯荡的他，遭遇这一切是一种怎样的无助。

然而，他没有消极抱怨，仍然觉得人生充满了趣味，他总说前方还有很多未知的乐趣在等他挖掘和体验。

后来，工作总算找到了，只是要日日疲于奔波，但无论他多忙多累，脸上总是绽放着阳光的笑容。

他每天都很忙很累，却过得比谁都开心都充实。除了工作日之外，他还报名参加了志愿者活动，义务照顾养老院的老人。

他说，总去那些养老院有一个最大的好处，就是陪老人们聊聊天，日子一久，自己竟也耳濡目染流利地讲出了地方话，越来越好地融入这座城市的大环境。

在他的眼里，一切都很好玩，一切都很新奇，活得特别有劲，活得特别有趣，宛如所有的东西都是妙不可言的。

05

当下的社会，人们万事都崇尚"有用"，有用就去做，无用就放弃。人心变得愈加浮躁不安，功利心变得越来越强。信仰失落，精神腐朽，活得除了金钱和物质什么都毫不在意。

事实上，真正讲求文明和进步的社会，物质是基础，而高尚有趣才是最终的归宿和意义所在。

有趣的人，有敏锐的感知力、足够的鉴赏力、独特的个性和主见、快速的反应力、乐于自嘲的幽默、创新的思路，他们总是热爱身边的一切事物！

有趣的人，会更倾向培养自己的兴趣爱好！健身、旅游、体育、书法、写作、艺术、收藏，数不胜数；有趣的人，会更善于结交一些志同道合的朋友，会更乐于发现爱和温暖，对漫漫人生路充满热情，对他人也更加包容。

有趣的人，永远保持一颗积极向上的心，对这个世界永葆好奇，会懂得大千世界的多元异同，倾听不同的观点和声音，敢于不断尝试新鲜好玩的事物，永无止境地学习与进步。

世间的美好，大抵不过在平淡无奇的岁月里活得有趣，顺便把日子过成诗。

让自己活得有趣，是人生的最高追求。有趣，才是一生所能体现出来的最大的意义。

把生命花费在美好的事物上，做一个有趣的人，比什么都重要。

敢于和命运对抗的人，后来都怎么样了

01

人是要乐观的，也是要坚强的。一生那么长，谁没遇到过低谷——学业上、工作中、爱情上、亲情里……谁还没有难熬难过的瞬间或阶段呢？总会有个别的经历，突然让你觉得活着很累。但是，即便生活再落魄、工作再难熬、内心再孤独、爱情再失意，当它坏到一定程度的时候，都会逐步好起来的，至少你要相信你会好起来。

每个人都藏着一段难熬的时光，起因虽不同，但相信每个人都曾经试图与生活难处相抗争。先给大家讲一个朋友的故事吧。

02

我有一位小学同学，叫小麟，4岁时，父亲在一次交通意外中去世了，家中比较贫苦，母亲含辛茹苦地养育着他和姐姐，谁知祸不单行，在他7岁那年，母亲不幸患上乳腺癌。

由于巨额的手术费用家中无力承担，即便后来班集体为其发起捐款，但因耽误了最佳治疗时机，他的母亲半年后还是撒手人

寰了。

他和姐姐那个时候还都是孩子，没有独立生存的能力，便跟着爷爷奶奶生活。那时，爷爷奶奶已经七十多，一家人的生活靠政府少许的补助金维持。

我对这位同学印象十分深刻，不因为别的，就因为他有个很遭人厌恶的坏习惯，那就是偷吃别人的零食。是的，既不是偷钱也不是偷物品，仅仅偷同学们的口粮和零食。

现在想想，他一定是太饿了。因为后来了解到，他家能吃上米饭都是件奢侈的事，连一套十几块的试卷都买不起。本来他的学习成绩还算不错，由于长期挨饿，温饱难以保证，上课时精力跟不上，最终只上了一个三流的高中。

那时候，所有的人都觉得他肯定没有前途，终究会变成一个走街串巷的落魄小子，包括他自己。但是庆幸的是，他赶上了高中的一个扶贫政策，贫困学生可以全免学费。

那一刻，他仿佛感受到了命运的眷顾，他开始坚信天无绝人之路，于是发奋读书，努力学习，别人听懂的知识他要懂，别人不懂的，他也要全班第一个搞清楚。就这样，经过不懈的努力，他终于考上了不错的大学。

03

说到这里，可能我们都觉得这个人往后就这么好起来了，可我们错了。就在那个时候，他的姐姐瞒着家里，偷偷嫁了个社会小青年。小青年不争气，天天招灾惹祸，毫无进取心，对姐姐也是天天家暴。

奶奶知道后，日日以泪洗面，由于担心过度，常年生病在床；

爷爷随后也因心脏病去世了，家里唯一的经济来源也被断掉了。

现实生活中很多难以解决的问题给了他多重的压力，使得他最终放弃了读大学这条路，离开了家乡去广州开始闯荡打工，一个月500块钱，就这样坚持了两年：晚上摆地摊，白天做苦力继续上班。

被骗过，被歧视过，被辱骂过，被冤枉过，但他却从来不敢告诉姐姐，只能自己默默忍受，因为怕她担心。后来他暗暗下定决心一定要考取本科，把该具备的知识统统补回来。

有一句话说得好，当你为一件事情拼命努力的时候，全世界都会帮你；当你真正奋起直追的时候，没有人会对你说不。

那几年里，他工作学习两不误，始终保持孜孜不倦、天道酬勤的精神，完美地诠释了"拼搏到无能为力，坚持到感动自己"。

现在的他已是月薪3万的项目经理。在一次同学聚会中看到他满脸的自信和对未来的笃定，真的很替他开心，欣慰于他的际遇又欣赏他的睿智和勇敢。

同学间闲聊，当他说到自己的辛酸历程时，我看到他充满英气的眉宇间难掩委屈和无助："话说出来容易，但当面对真正的生活困苦时，那是一言难尽的。多少次我一个大男人躲在出租屋哭，叫天天不应，叫地地不灵……

"记得最深刻的一次，自己辛辛苦苦攒起的五万块钱打算给姐姐寄去，却鬼使神差地被自己弄丢了，当时真气得想割腕自杀，但回神一想，我要是死了，姐姐就一个人在世上了……还好，我相信一切都会好起来的。"

听完他的话，我脑海中不禁浮现出这样的画面，小麟曾独自一人走在那条破败荒凉的路上，还要咬牙不停地给自己加油打气，告诉自己，尽管当下迷茫未知，但假如能乐观勇敢地面对这一切，日子总会一天天好起来的。

04

他熬过来了，是的，是要用"熬"字来形容。虽然没有世俗意义上的大富大贵，但至少10年后的他，摆脱了迫不得已的寒酸出身赋予他的生活窘迫，逐渐活成了他想要的模样。

一个生动的励志故事就上演在我的面前，这让人更加坚信，人生的真理绝对是"三分天注定，七分靠打拼"。

是这样的，谁的生活都不是百分之百的一帆风顺，没有谁的路是完全顺利畅通的，只有顽强地拼一把才会知道，生活真没什么大不了的。努力一点，运气总归不会太差。

但行好事，莫问前程；只问耕耘，不问收获；倾听内心的声音，不畏世俗的眼光。

别怕你的付出徒劳无功，别怕你的未来遥遥无期，回想你最苦的那段日子，人生其实也就那么回事，坚持撑过去也就成功了。

我们真的比想象中更坚强，所以好好地走下去，无论再苦再难，向前走，生命自然会给你回赠惊喜。

《牧羊少年奇幻之旅》中有一句话说得十分有道理：当你想做一件事的时候，全世界都会帮你！

当我们真正想去做某件事时，学会听从内心的声音，遵循内心的想法，一步步地，总会有一个合适的机会，让你抵达那个最想去的地方。

最后，愿你的付出皆甘心如荠，愿你的回报都欢天喜地。

努力是一种习惯，优秀也是

01

近期读了《滕王阁序》，看到这样一段话：

冯唐易老，李广难封。屈贾谊于长沙，非无圣主；窜梁鸿于海曲，岂乏明时？

所赖君子见机，达人知命。老当益壮，宁移白首之心？穷且益坚，不坠青云之志。酌贪泉而觉爽，处涸辙以犹欢。

带着好的信念出发，本身就是一种智慧的选择。你想啊，全世界那么多人还在咬牙坚持奋发努力，我们有什么资格颓废消沉呢？

人生之中最可贵的财富，就是无论处于高处还是低谷，都不畏前方艰难，仍然昂扬振作吧！

02

生活中会遇到很多人，只要他们身上有值得我们学习的地方，就可以成为你我的榜样。只是有时候我们只知道承认他们的优秀，却忘了自身也要变强。

印象中让我难忘的楷模就是表姑家的姐姐，个子小小的瘦瘦的，一头黝黑的小短发，一副普通的黑框眼镜挡不住亮亮的大眼睛。

她大我3岁左右，然而在她小小的身体里散发出的魅力和能量却让我们相仿年纪的人望尘莫及。

在她的眼里，没有做不成的事情。

2011年，表姐以604分的好成绩考上了北京交大，专修生物学专业，在校期间各种学霸称谓，系里前五名一定能看到她的名字，奖学金的颁奖晚会更是少不了她的身影。

她的学业表现相当出色，属于有大智而不耍小聪明的类型。人群中乍一看超平凡，接触下来你就会情不自禁被她身上的励志能量所震撼。

她极为低调，每次过年各家亲戚集聚在一块，她永远是亲朋好友口中的"我们的榜样"，每次长辈夸奖她的时候，她只是很腼腆地笑笑，丝毫没有"别人家的孩子"那种疏离感和优越感。

在校期间，除了上课、泡图书馆，她就是在实验室做实验，临近毕业的一年还去了两个边区支教，后来因为校内领导老师喜欢这个成熟稳重的姑娘，她被顺利保送到数一数二的名牌大学读研究生深造，简直是耀眼的人生赢家。

努力的状态一旦成为持之以恒的习惯，时间久了，就会从一个人的骨子里萌生出一股独有的人格魅力和强大气场，让人欣赏又想靠近。

03

事实上，光芒的道路并不像想象的那么拥挤，因为在人生的马拉松上，绝大部分人跑不到一半就主动退下来了，到后来剩下的只是少数人。就像我们常说的，笑到最后才笑得最美。

我认识一个80后的好朋友，我们暂且称他为小W，他也是蛮拼的男生。据身边另一位密友跟我讲，大学毕业之后的小W被推荐到一家通信公司，由于刚刚脱离象牙塔没有太多工作经验，他以实习生的身份在那里工作。

2005年他的第一个月实习工资仅仅600元，不到半年就升到4000元，原因很简单，用领导的话来说就是，踏实、肯干又靠谱。

努力是一种习惯，优秀也是。

除了工作，周末的时候他还要跑到一所大学去旁听心理学，后来又陆续写了很多关于心理学的文章，被刊载在国家级期刊上。

我们都很纳闷，他的工作几乎是和心理学没什么太大关联，浪费那些时间和精力干吗呢。

他的想法很简单，把周末空闲时间用在无所事事和享乐上，还不如花在自己热衷的事情上。

这话摊在桌上还没凉，没过多久，他们公司因为政策原因倒闭了，他随即便开设了一家自己的心理咨询工作室。

一转眼到现在快10年了，他已被评为国家职业资格的心理学导师了，去年还出了本书，书的热卖自然在我们的想象之中。

所以你看，其实有时候别人过得好活得精彩，都是有原因的，只不过我们只看到他成功的那一刻，而不知道人家背后付出的是怎样的努力和坚持罢了。

04

古希腊德摩斯梯尼，小时候有口吃的毛病，每当登台演讲的时候，都会声音含混、发音不准。于是，他每天含着石头，对着大海一遍遍朗读，无论春夏秋冬都默默坚持，五十年如一日。最后，他终于成为全希腊最有名气的演说家。

清代文学家蒲松龄为了完成自己的文学创作，便在路边搭建茅草凉亭，记录过路行人所讲的故事。就这样，经过几十年如一日地辛勤搜集，加上自己废寝忘食的坚持，他终于完成了中国古代文学史上划时代的辉煌巨著《聊斋志异》。

事实上，平凡的出身是大多数人的真实状态，可为何总有人能逆袭出一个个活脱脱的励志形象，从平凡走向非凡。

回过头来看，在人生的马拉松上，很多人能够跑得很远，多数是因为人家一直在跑，从未停歇，如此而已。

人生最大的敌人不是别人，而是自己内心的恐惧。有时候，厉害的对手反而会促使你往前迈进一步。人生最可怕的是你还没有努力，就轻言放弃；更可怕的是，比你优秀的人比你还要努力。如果让自己的努力成为一种习惯，那么就没什么你不可能实现的事情。

努力，可以让一个人变得更好，努力可以成就你的梦想，努力可以让一个人变得更加自信和诚恳，努力甚至可以改变人的一生。

让努力成为一种习惯，真正持续努力之后，你就会发现自己要比想象的优秀很多。将来的你，必定会感谢现在努力付出的自己，而那努力的过程也将成为你人生宝贵又美好的记忆。给自己定下一个又一个的小目标，完成后，就将收获一个更完美的自己。

挺住，意味着一切，拼搏的过程中总会有价值感赋予的动力，鼓舞着人的意志抵达终途。只有努力，才不会有遗憾，如果还能有点小成绩，那你也将满心欢喜，又何乐而不为。

所以，不管现在的你遭受到何般挫折和难过，希望你能相信自己，不要气馁也不要堕落，别犹豫彷徨，也别轻言放弃。

待到机遇成熟，总会有舞台让你满缀出钻石般的璀璨，而后变成一道坚实的闪电，划破寂静黑夜的暗淡。

你的生命，本不必如此沉重

<u>01</u>

先给大家分享一则叫作《扛船赶路》的小故事。

一个青年背着一个大包裹，千里迢迢跑来找无际大师，他说："大师，我是那样的孤独、痛苦和寂寞，长途的跋涉使我疲倦到了极点；我的鞋子破了，荆棘割破双脚；手也受伤了，流血不止；嗓子因为长久的呼喊而喑哑，为什么我还不能找到心中的阳光？"

大师问："你的大包裹里装的是什么？"

青年说："它对我可重要了。里面是我每一次跌倒时的痛苦，每一次受伤后的哭泣，每一次孤寂时的烦恼。靠着它，我才能走到您这儿来。"

于是，无际大师带青年来到河边，他们坐船过了河。上岸后，大师说："你扛着船赶路吧！"

"什么，扛着船赶路？"青年很惊讶，"它那么沉，我扛得动吗？"

"是的，孩子，你扛不动它。"

大师微微一笑，接着说："过河时，船是有用的。但过了河，我们就要放下船赶路。否则，它会变成我们的包袱。

"痛苦、孤独、寂寞、灾难、眼泪，这些经历能使生命得到升华，但念念不忘，就成了人生的包袱。放下它吧！孩子，生命不能太负重。"

青年放下了大包裹，继续赶路，他竟然发觉自己的步子轻松无比，心情愉悦开朗。

是啊，生命是可以不必如此沉重的。

02

负担和责任是每个人必须承担和履行的，但如果过重的担子压得一个人始终直不起腰，他就要反思一下，问题是不是出在个人的处理方式上。

我们都一样，头顶天、脚踏地、拥有同一个世界，真的没有什么本质的不同。每一个不同的时间段要面临不同的考验。

喜欢的人不喜欢的人都要笑脸相迎，喜欢的事情不喜欢的事情都要硬着头皮去做。

琐事的压力慢慢转移到本就还不够厚实的肩膀上，快到而立之年，工作的前途、爱情的归宿、家庭责任的担子……它们真的会让我们在徘徊与迷茫中一点点地消磨锐气，然后给内心增加很多莫须有的负担和压力。

人生哪有"容易"二字，在漫漫人生路上，最可怕的不是困难重重，而是困难重重竟成了一种难以摆脱的常态。

再强大的人也会有软弱的一天，这世上根本就没有所谓的硬汉或者铁娘子，那些都不过是遇到困难比普通人多挺了一会儿的人罢了。累了就歇一歇，难过就哭一哭，没什么坎儿是过不去的。

只要在疲惫不堪后还能保持热血，在面临不堪时还能保持清醒就够了。

没错，我们都一样，年轻又彷徨。

03

生命本不必如此沉重，它是神圣的，神圣的东西当然不是轻飘飘的存在。

说到这里，我想起了米兰·昆德拉的小说《不能承受的生命之轻》。

在最后一章《卡列宁的微笑》中，我们看到昆德拉向我们揭示：幸福源于对俗常往复循环的渴望，就是对"重"的肯定，但这不等于说，他要让我们完全弃掉"轻"。

我认为可以这样理解：重是根，轻是花朵。没有重之根，花朵不会鲜美。

同时，花朵需要根的仰视，而根也需要花朵的低头，在尊重彼此需求和存在的同时，又仰起头来做自己，这是一朵花之所以以"永恒的轮回"呈现出来，我们却始终能从中看到美的原因。

没错，生命本身是有重量的，就是因为它本身太重了，所以作为芸芸众生的我们，是不是要在心态和思想上，放得轻松一些呢？

世间的喧嚣浮躁、人生各个阶段面临的压力、种种难以掩饰的诱惑，让许多人在前进的路上渐渐走偏，踏上了不归路。

所以，适当的时候放下包袱，休息一下，这何尝不是一种人生的智慧。

04

人活着就是为了生活更快乐、更幸福，而我们首先要放轻松。

放下包袱，休息一下，待到信心满满，继续追随人生的奋斗目标，尽自己最大的努力去实现初心。

最重要的是，不要对自己过分苛求，应当把奋斗目标定在自己能力所及的范围之内，尽量使自己有圆满完成目标的可能。

压力人人都有，但在奋斗的过程中，要学会放下包袱，学会自我调控情绪。

积极向上的情绪状态，才会使人心情开朗精力充沛，对生活充满热心与信心，谁都不是日日顺心，事事全在掌控中。

因此，生活中应避免不良情绪的发展，碰到糟糕的事，要换个角度去考虑衡量。

对于外界的种种环境，对于错综复杂的种种关系，要有自己的主见，要有坚定的信念，只有自己当机立断，学会放下包袱，才能让自己的心灵得到放松。

一时的成功不要骄矜，因为你艰苦奋斗的人生才刚刚开始，一时的低谷也不要灰心，放下沉重，把暂时的难处当作人生磨砺的垫脚石，适当地休息，这样才会勾起对更多美好的向往。

一段充满荆棘的路，越是感觉疼，就越要有敢于往前冲的勇气——它将给你的人生一个漂亮的转机，还极可能就此改变人生轨迹，让自己挣扎的内心重新寻找到寄托。

05

女作家白落梅曾经说过："背上行囊，就是过客；放下包袱，就找到了故乡。"

假若一个人有一颗脆弱易碎的玻璃心，走到哪里都是荒源；只有灵魂和精神坚韧无比，他（她）的前路才会走得更顺坦更畅快。

长大后才幡然醒悟，人生哪有想象的那般美好。当然，遇事众多也会恍然大悟，人生也没有想象的那般糟糕。

有人拿"顺其自然"来敷衍人生道路上的荆棘坎坷，却很少承认真正的顺其自然其实是竭尽所能之后的不强求，而非两手一摊的不作为。

每个人都有一个不同的内心世界，我们要让它适当放松。

我们不必左顾右盼，踌躇不前，稳扎稳打就好了；

我们不必才智过人，天赋异禀，坚守初心就够了；

我们无须戴着面罩，背着包袱，做好自己最重要。

我们都明白，人生没有绝对的安稳，既然我们都是过客，就该携一颗从容淡泊的心，走过山重水复的流年，笑看风尘起落的人间，顺便让日子活得舒坦些，也对得起这不骄不躁的一生。

孤独如影随形，成为生命中的一隅

01

1989年，科学家发现一只世界上最孤独的鲸鱼，她叫Alice。

她这么多年来没有一个亲属或朋友，唱歌的时候没有人听见，难过的时候没有人理睬，原因是她的频率有52赫兹，而正常鲸的频率只有15～25赫兹。

鲸鱼只能靠声波交流，所以没有同类可以听到甚至察觉到Alice的存在。

很多时候，我们就像Alice，孤独地生活在这个世界上，成为一种常态。

孤独是现代人的基本特征，几乎每个人都会在生命中的某个时刻体验到孤独袭来的痛楚，所以任何人对这个话题都有发言权。

人在孤独的时候最清醒，它就像一面照妖镜，让你赤裸裸地现出原形，有人习惯，有人措手不及。

02

我有一位好朋友小坤，原本是我好朋友的朋友，后来还算聊得来，也就成了朋友。

他是一名澳洲回来的海归，小麦色的皮肤，高高的个子，忧郁的气质，就像漫画里走出来的人，本性纯良，话不多说。

有一次我们两个一起用餐，我见他默不作声，便随口说了一句："哎，你孤独吗？"

"你觉得呢？"他头也没抬，继续喝碗中冒着热气的味噌汤。

"我要是知道怎么会问你啊？"我一脸懵，不知咋接话了。

"孤独是常态吧，或许一直沉浸在里面，连我自己都麻木了。"说完，他扑哧笑了一下，拿起纸巾，擦了擦嘴巴。

原本以为天就这么聊死了，然而并不是。

他把眼睛转向窗外绿油油的梧桐树，开始讲他的故事给我听。

就在他大四那年，他变成了单亲家庭的孩子，同学们纷纷找到工作了，而且归宿都不错。

深陷孤独的他一拍脑子决定出国，报考了个研究生，后来还真的考上了。

父母各有新欢，自己也已成年，寄居海外他乡，他只能自己打工赚钱养活自己，饭都不会做的人，出国了什么都要靠自己。

当飞机落到澳洲那一片土地的时候，他整个人傻掉了，外语水平只限于笔杆的他，唯一会的几句用语卡在喉咙中，那种恐慌无以言表。

孑然一身的他，只能硬着头皮开始努力学习语言，打工赚学费，努力地适应这个新的生活环境。

每天三点一线，打工，上课，回寄宿的家。

"在外面打工，是什么样的工作啊？"我好奇地问他。

"每天早上五点起床，去澳洲一家工厂，负责打鱼、杀鱼、洗鱼，然后下午继续回学校上课，工厂的活是学校负责找的。毕竟还有些保障。尽管很辛苦，可为了养活自己，只能坚持做下去。"

从他断断续续的故事里不难听出，那几年，他一直是孤独的。

几年后回了国，有了一份不错的工作，或许这种孤独减轻了许多，尽管他看着仍旧不太开心。

孤独，更像是一个人身上携带的甩也甩不掉的符号，纠缠许久，便成了回应世界的本能表情。

孤独，是话无处可说，心无处可交，大家都是刺猬。

03

或许是内心最深处一直隐藏着的种子突然发芽了，他又开始讲述起他身边一个女孩的故事。

我们暂且将主人公称为小A，她是个亭亭玉立的女生，和小坤是老乡。

小A就在一个平常的下午，突然感觉双眼看不清任何东西，那一刻世界都是黑暗的，她很慌乱。

到了医院，医生二话没说，立马安排第二天手术，因为她的双眼视网膜脱落。

她问医生自己为什么会得这个病，大夫就说了六个字：眼睛疲劳过度。

这时她才想起来，在此之前，和前男友分手了，为了能强迫自己忘记情伤，废寝忘食地读书和打工。

只为了去名校做交换生攒学费，连续打了三天的夜工没睡过觉。

谁能料到在医院的那一夜，却是她半年来睡得最踏实的一晚。

手术台上，小A对医生说："大夫，假如手术不幸失败了，麻烦您给我外婆打个电话。"

"那……还有父母，或者其他的亲友要通知吗?"医生问。

"父母去世了，和男友分手了，亲人朋友也没谁会在意我吧，我只有一个外婆了。"小A淡淡地说。

她在被推进手术室前，输液的时候还是哭了，因为她怕了，一想到未来的日子将变成一片灰暗，悲伤情绪就不能自已。

所幸手术成功，在家休养的那一段时间，她一个人听听相声或是小说打发时间，像个废人一样地活着。

对于小A，那是一段特别孤独的时光。

她说，总有那么几个瞬间特别想给前男友打个电话，可是冷静下来想想，还是算了。

"谁念西风独自凉，萧萧黄叶闭疏窗，沉思往事立残阳。"一切景语皆情语，孤独之感谁人不曾拥有。

许多时候，有些关系断裂了，才让人愈发觉得纯厚与凄清。

而后也只能独自酌饮，静享一个人的孤寂落寞。

孤独，是明明很想你，却一次又一次地忍住，因为已经分手了。

孤独，是从亲密无间到熟悉的陌生人，破镜难圆。

04

每个人就像一颗星星，彼此看上去很近，但相互离得很远很远。每个人都有自己的秘密，也有自己的孤独。

研三实习期间，因为公司安排临时变换工作地点，我从上海奔向了江苏，由于分公司刚刚成立，所以那时候只具备一些最基本的工作设施和几个不熟悉的同事。

每天除了上下班，我一直是一个人。

那些夜晚，我戴着耳机单曲循环乔任梁的《强迫症》到泪崩，一想起那座城市和我所经受的孤独，鼻子还在隐隐泛酸。

下班的时候，我坐在等车的站点拍摄美丽的天空，突然想起海子的诗：天空一无所有，为何给我安慰。

孤独就是每天从高楼上看着夕阳西下，看着十字路口的车和人陆陆续续像蚂蚁一样移动，却知道没有一个可以来到我身边的人。

天黑了宁可关着灯坐在黑暗里喝一听啤酒，不是想节约用电，而是怕开了灯看到周围没有人……

英国作家奥利维娅在《孤独的城市》这本书中写道：

如何栖居在孤独这座城市中，没有规则，也无需感到羞耻，只要记住，对个体快乐的追求并不高于我们对彼此的责任，也不能将其免除。重要的是善意，是相互支持。重要的是保持敏锐，始终敞开心扉。

我们都像夜空里的星星，每颗星星的烈焰放出满腔热情，却默然消失在冷漠的太空。

最后，分享一首来自法国天才作家苏利·普吕多姆的诗歌——《银河》。

有一夜，我对星星们说：
你们看起来并不幸福；
你们在无限黑暗中闪烁，
脉脉柔情里含着痛苦。
仰望长空，我似乎看见
一支白色的哀悼的队伍，
贞女们忧伤地络绎而行，
擎着千千万万支蜡烛。

你们莫非永远祷告不停？
你们莫非是受伤的星星？
你们洒下的不是星光呵，
点点滴滴，是泪水晶莹。
星星们，你们是人的先祖，
你们也是神的先祖，
为什么你们竟含着泪……
星星们回答道：我们孤独……
每一颗星都远离姐妹们，
你却以为她们都是近邻。
星星的光多么温柔、敏感，
在她的国内却没有证人，
她的烈焰放出满腔热情，
默然消失在冷漠的太空。
于是我说：我懂得你们！
因为你们就像心灵，
每颗心发光，离姐妹很远，
尽管看起来近在身边。
而她——永恒孤独的她
在夜的寂静中默默自燃。

孤独是一种内心深处的感觉，它与我们连接的人数和频率无关，而与连接的质量和意义有关；孤独是一种深入骨髓的空虚，一种令你发狂的空虚，纵然在欢呼声中，也会感到内心的空虚、惆怅与沮丧。

生命从来不曾离开过孤独而独立存在，孤独如影随形，陪伴着我们一生的成长，是我们生命中的一隅。

其实，你在为你自己工作

01

记得曾有一位德高望重的人士跟我说过一句话：身为一个职场人，要清楚地认识到，你做的每一项工作，其实都是在为自己而工作！

这句话，不禁让我想起一则寓言故事。

从前一个技术高超的老瓦工，他准备退休回家与妻子儿女享受天伦之乐。老板舍不得做得一手好活的瓦工走，便再三挽留，然而老瓦工决心已定不为所动。

老板最终还是答应了，但前提条件是要他帮忙建最后一座房子，老瓦工不好拒绝只能同意了，但是整个建造过程都心不在焉地应付，用料不严格，做出的活也全无往日水准。

在盖房的过程中，大家也都看出来，他的心已不在工作上了。后来，最后一所房子盖好了，既不牢固，也不漂亮，完全是"豆腐渣工程"。

老板并没有说什么，只是在房子建好后，把钥匙交给了老瓦工并告诉他说："我一直想，在你退休时送给你一样礼物，作为对你辛劳一生的奖励。现在，这座房子是你的了！"

听到这，老瓦工愣住了，既惶又悔。这一生盖了多少好房子，最后却为自己建了这样一幢粗制滥造的房子，只得在劣质建筑里度过余生……

人生在世，每个人都为了追求更高水平的生活而不停地劳碌奔波着。既然我们要去工作，那么为什么不能积极地去做好呢？

什么才是真正积极的工作态度？

你每天工作认真投入的样子，是原本发自内心的，是从骨子里就想要把一件事情做好的坚定，而不是仅仅表演出来给别人看的。

支撑这样一种积极工作态度最主要的内心想法就是：你做的一切，都是在为自己工作。

02

你，就是你自己的作品。如果你把每项工作都当作是提高自己能力的机会，用坚持如一的工作质量，铸就自己的能力提升，以无我之心，做有为之事，并在此基础上塑造个人最正确的工作思维，或许成功只是水到渠成的事。

那么，什么才是最正确的工作思维方式呢？

首先，正确地做事，更要做正确的事。

我们在做一件事的时候，既要注重过程也要注重结果，过程是为最终结果服务的。以结果为导向，首先就要对整个目标有宏观的考虑，如果没有计划好就仓促上阵，那么即便以非常高效的方法去工作，到头来可能方向完全偏离，最终换来失败的结果。

当然，任何时候都应该坚持将基础工作作为一切工作的前提，一旦基础工作做到位了，整个团队也就成熟起来了，许多复杂头疼的事情有条例可循，有相应机制可以处理和解决，那么工作也就会变得容易了，质量也自然能得到保证。所以，我们应该正确地做事，更要做正确的事。

工作其实没那么可怕，如果你找到了工作的意义。

其次，好的管理时间与思维框架很重要。

要学会做时间规划图表，按着既定的计划和时间安排走，这样才能保证效率，保证工作进度在可控的时间范围内，保证工作按时完成。好的时间安排与计划不仅是对工作的监督和制约，也有利于对前期工作进行总结，以便于更好地安排下阶段的工作。

此外，一定要在脑中建立一个框架，这样对于解决问题更为便利。如果能够运用框架，就有可能得出冥思苦想都无法挖掘出的见解。与此同时，清晰的思维框架也能够避免在解决问题的过程中出现出乎意料的状况。

再次，必须得用事实或证据来说话。

很多时候，人们在解决问题的过程中会被一些表面的东西所迷惑，倾向用一种叫作经验和直觉的东西来进行判断。在做任何事情的时候，不能单凭个人的感观认识，不能因为自己的喜好厌恶而做主观的判断。

要学会对问题提出假设，然后找出证据，来证明或证伪假设。一切都要以事实为基础，找出问题的关键所在，工作的重点所在，避免偏离主题，坚持"具体情况具体分析"的原则，才是最理智的工作态度和工作思维。

此外，你要形成思辨和疑问的思维。

如何才能获得成功？获得成功的关键是什么？为了达到此目的，应该如何做？请时时刻刻带着这些问题观察事物、展开思考。通过分析自己关注的重点，可以获得更多的信息，激发思维活动。

无论是在日常生活中，还是在工作中，如果培养了思考从疑问出发的习惯，那就很容易做出客观的思考与判断。换言之，心中没有疑问，即便运用分析框架，也无法弄清楚自己到底希望达到什么目的。

最后，提升你的核心竞争力。

在当今的社会上，一个人想要做到"不可取代"和"不可或缺"，事实上还是非常困难的。但正是因为每个人的长处和优点都不同，因此，不断挖掘自己的有效价值之处，发挥自身优势，才是最聪明的做法。

在个人管理方面，无须改变自己，完全成为别人的附属品。扬长避短、持续夯实强项就是对的选择。与此同时，要善于从他人身上不断学习和提升自身，正所谓三人行必有我师，借鉴别人的长处也是一个人最大的优点之一。

如何将方法论运用到实际工作当中去，提高工作水平和工作效率，给今后的工作带来业绩上的提升，那才是关键。

03

每一项工作都是一个摸索、学习与提高的过程。当工作遇到瓶颈的时候，所有人都会困惑和无奈，这个时候最不能丧失的就是信心，但凡是问题都有其解决的途径。

所以，坚持下去就是胜利，没有什么比忙忙碌碌更容易，没有什么比事半功倍更难。

工作失败的诱因多数是相似的，而工作上的成功却各有各的原因。

当下可以确定的是，那些成功人士，他们都把工作任务当作自己的事情去做，他们都曾熬过一段不为人知的黑暗，走过不同寻常的泥淖之路，才一步一步迎来事业的顶峰和光明。

他们身上所有的光芒都是经过汗水和心血的浸泡后，折射出来的人格魅力。当然，人成功的标准不止一个，只要今天的你比昨天有所进步，这就是一种成功。

工作这东西很神奇，它就像一面透亮的明镜，你是怎样对待它的，它就会怎样对待你：你越真心待它，它越会真诚地回报你；你敷衍它，它就会敷衍你。时间越久，影像的呈现也会越清晰。

因此，不必过分在意别人的眼光，你不是个演员，你的努力也不必表演给别人看。

你唯一需要做的，就是形成一种正确的工作思维方式，并时刻提醒着自己，眼下做的每一项工作，其实都是在为自己而工作！

你只是看起来"前途渺茫"

01

当下，我们生活在一个巨变的时代，其中充满了各种机会和挑战。有时候，我们所以为的束手无策，其实只是自设的"心灵屏障"。

设有"心灵屏障"的人，为了避免失败，宁愿逃避机会，被自设的樊笼困住，迟迟不能从心中设定的困境中走出来。

然而，大千世界里的每一个人，只要在自己擅长的事情上努力突破瓶颈，不被困难所吓倒，个个都必有其用武之地！

02

布勃卡是闻名全球的奥运会撑竿跳冠军，曾35次创造了撑竿跳世界纪录，他所保持的两项撑竿跳世界纪录，迄今还没有人打破。因而，他享有"撑竿跳沙皇"的美誉。

不久前，乌克兰总统亲自授予他国家勋章。在那次隆重、热烈的授勋典礼上，记者们纷纷向他发问："你成功的秘诀是什么?"

布勃卡只微笑着说了一句话："就是在每一次起跳前，我都会先把自己的心'摔'过横杆。"

殊不知，布勃卡和其他的撑竿跳选手一样，也曾有过一段失落的日子。他苦恼过、彷徨过、沮丧过，甚至动摇过，怀疑自己是不是这块料。

有一天，他照例来到训练场，却怎么也打不起精神，叹气连连，对教练说："我实在跳不过去。"教练平静地问他："你心里是怎么想的？"

布勃卡如实回答："我只要一踏上起跑线，看清那根高悬的标杆，心里就害怕。"

突然，教练一声断喝："布勃卡，你现在要做的就是，闭上眼睛，先把你的心从横杆上'摔'过去！"教练的厉声训斥让布勃卡如梦初醒，顿时恍然大悟。

遵从教练的吩咐，他重新撑起跳竿，又试跳了一次，这一次他果然顺利地一跃而过。

在人生的奋斗中，我们的面前又何尝不是横亘着一道道"横杆"。倘若我们心存疑虑、畏首畏尾，势必寸步难行、一事无成。

所以，我们只有坚定信念、鼓足勇气、突破心障，才能不断地超越自我，跃上人生之巅，达到更高的境界。

03

假如有一天，你突然发现自己全身上下只有三根手指会动，只能用语音合成器来说话，你是否还能活得下去？

这个假设听上去是残酷的，甚至是荒唐的，但这样的荒唐事却真实地发生在科学巨匠——霍金的身上。

霍金从小就把解释宇宙的万物理论当作自己的信仰，可在他21岁时却被确诊患上了肌肉萎缩性侧索硬化症，这种病会使他的身体越来越不听使唤，只剩下心脏、肺和大脑还能运转。

这个致命的打击让原本沉浸在考上大学喜悦中的霍金几乎放弃了学业，但坚强乐观的他，还是克服了心理上的困难，一次又一次在死亡边缘徘徊的恐惧，都无法扑灭霍金对自然科学的热情探求之火。

他并不认为疾病对他有什么影响，每天陶醉在自己想象的宇宙世界里，日复一日，年复一年，霍金就坐在轮椅上，证明了黑洞的面积定理，撰写了《时间简史》，遨游了光表的时空，解开了宇宙之谜。

如霍金自己所说：活着就有希望，人永远不能绝望。

一颗璀璨无比的珍珠，必然经受过蚌的肉体无数次蠕动以及多次风浪的打磨，才能熠熠生辉；

飞翔在辽阔苍穹中的雄鹰，必是经历了幼时被无数次摔下山崖的痛苦，才锤炼出一双凌空的翅膀。

04

宝剑锋从磨砺出，梅花香自苦寒来。但凡有成就者，无不经历一番风雨。人也正因苦难而更坚强，一只断翅的蝴蝶，在经历沧桑后，同样能够飞过沧海。

海伦·凯勒双目失明、两耳失聪，却努力从一个让人同情的小女孩，变成让全世界尊敬的女强人，命运多舛的她并未因自身的缺陷而消沉，而是坚信"天生我材必有用"，凭着永不言弃的信念和坚持不懈的意志，为自己理想的天空涂上了人生最亮的色彩。

艺术巨人梵高有着执着的绘画梦想，在他有生之年，作品并没有受到世人的欣赏，但在那种世人漠视、穷困潦倒的环境下，他仍坚持着自己的梦想，画自己想画的画，这也着实非常人所能的。

著名作家狄更斯平时注意观察生活、体验生活，不管刮风下雨，每天都坚持到街头去观察谛听，记下行人的零言碎语，积累了丰富的生活资料。正因如此，他才在《大卫·科波菲尔》和《双城记》中写下精彩的桥段，成为英国一代文豪，取得文学事业上的巨大成功。

马云、李彦宏、柳传志、宗庆后、朴树、周杰伦、韩寒……起初，并没有人相信他能成功，然而身在低谷的他们，没有放弃自己的梦想，历尽千帆最后终有所成，变成众人眼中的榜样和楷模。

他们的内心无比坚信"天生我材必有用"的真理，坚持发展自己的长处，坚信闪光点总会有派上用场的时候，熬过一次又一次的困难、一个又一个的坎，深信自己是打不倒、击不垮的！

细想一下，他们的闪光点，正是始终乐观、努力，即便受尽非议也毫不动摇的坚韧之心。

你所认为的"束手无措"，不过是自我设限！要知道，每个人都有资格发光发热，在纷繁的世界里，任何人都有能力去追逐自己的梦想。

所以，不必害怕前路，勇敢做好自己，一步一个脚印，专注每一件小事，做好点滴的积累。

任何年纪都是启程最好的时候，因为"天生我材必有用，千金散尽还复来"。

四、相由心生，境随心转

2020年，珍惜眼前人，做好手边事

M. 斯科特·派克所著的久负盛名的心理学书籍《少有人走的路：心智成熟的旅程》开头的第一句话是：人生苦难重重。

没错，成年人的世界里，没有"容易"二字，没被命运刁难过的人，不足以谈人生。

大雨天汽车突然抛锚，热诚待人却被人捅刀，被最在意的人误解，被领导莫名地冤枉，难以摆脱又不得不面对的琐事让人感到苦恼和困扰。

除此之外，还有许多意料之外的挫折和坎坷令人黯然神伤，泪如泉涌。

谁愿意深陷人生的低谷中寸步不行，谁不想抬手举目遍是艳阳高照和柔风细雨呢？

有时候，人的内心会蒙蔽自己的双眼，用感性埋葬了理性，以为眼中看到的一切，就是世界本来的样子。

01

对这个世界上的大部分人来说，生活都是不容易的。

即便我们可以看到很多满分的个人背景、满分的经历旅程、

满分的外在人设，想必在透视镜下仔细端详，也会发现纰漏不足和不为人知的瑕疵吧。

知乎上曾有个话题：你最艰难的时候是怎么挺过来的？下面网友的回答让人看着都心疼。

有人说自己吃了几个月的泡面，连续几年没有给自己添置一件新衣服，有的人甚至除了自己的简易温饱，都没有闲钱出去和朋友搞聚会娱乐活动。

有的人不仅遭受经济上的损失，还面临意志消沉、身体恶化的轻度抑郁的困扰……

不过还好，最后还是一步一步挺过来了。试问你不坚强，别人会替你坚强吗？显然不能。

很多时候，我们遭遇的困境更像是一种修行，也是人生中不可躲避的必经之路。只要敢直面它，大胆走下去，绝境自然会不攻自破。

其实，生活并不认识我们，所以它也不会刻意去为难谁，大多数时候我们面临的也并不一定是真的绝境，或许只是内心的郁闷和小事上的不爽。

只是要记得，遇到挫折时不要绝望，要劝慰自己破烂不堪的日子终究会过去，尽量学会把情绪仅仅当作情绪，不要放大它，不要让情绪影响行动，慢慢形成一种良性习惯。

很多时候，压垮人的仅仅是一根草而已，并没那么沉重。

别总是抱怨社会混乱，生活艰难，你选择自己聚焦什么，你就会看见什么，你选择用什么原料，不久的将来，你就会创造出八九不离十的成品。

谁的生活都不容易，同样的，谁都有追寻希望和幸福的权利，还有与生俱来的生生不息的坚强和勇敢。

<u>02</u>

像乔布斯那样，心心念念要改变世界从某种意义上来说，真正做到的人毕竟是少数，承认自己是芸芸众生中的一员也是一种理性的勇敢。

别小看自己的能力，但也别高估自己的精力。有些事，别因为怕做不到就用力过猛，小心适得其反。

拿我自己举个例子，还在读书做学生的时期，每到寒暑假，我都会开开心心捧着一大摞书，做出各种烦琐的阅读计划，每天看多少页，每周读几本书，然而事与愿违，最终都很难做到。

这种看起来很用功的习惯，本质上是存在误区的，如果非要用自制力的角度去评价的话，那么我只能说，日复一日，每天按照计划去执行，完美完成是很难做到的一件事。

一旦因为某些原因耽搁了，或者少做了，反而容易因为懒惰而索性停止执行计划。

量力而行，何尝不是一种智慧，能做什么比想做什么更重要，因此要学会尊重自己的可承受范围。

"无所不能和无懈可击"对常人来说是一种妄言，毕竟世间有很多规律和规则只有认真遵循，才能活得更加体面舒服。

古人云：知己知彼，百战不殆。这是为了告诉我们，要把"知己"放在首位，了解自己才是最基本的一件事。

人生最重要的，不是你的心气有多高、目标有多远，而是如何张弛有度地善用自己的才能和能力，发挥出最佳的水平。

就个人来说，我更倾向在追求目标的路上，不断规诫自己的内心：做事用功不求过猛，但求有度、有恒。因为放松心态，反而会因为形成好的习惯而心甘情愿去坚持做下去。

"有意栽花花不开，无心插柳柳成荫"，说的就是这个意思。

03

人是极其脆弱的感性动物，疲惫了头会痛，身体会不舒服，饿了会无精打采，做什么事情都打不起精神。

哪怕只是一颗智齿，发作起来也足以让一个人难以集中注意力做好手头的事。

所以，好好照顾好身体，它是工作的本钱，是恋爱的资本，是各种吃吃玩玩的前提啊！

2019年是我整个身体状态相当不好的一年，从体检中发现自己长了一个不小的甲状腺结节开始，生理方面也好，心理方面也罢，就蓦然发现自己的抵抗力越来越弱。

本身就气血不足，加上为了持续写小说供稿子而长时间熬夜，生活习惯的不规律导致身体处于亚健康状态，每每气候有所转变都谨小慎微，有一点不舒服就要赶快吃药。

后来，日更的小说变成了周更，很明显地，我感觉整个人都神清气爽了好多。

不管什么时候，身体都是最重要的。努力归努力，忽视自己的身体去无限制透支健康，就是得不偿失的一件事情了。

一个脆弱的身躯带给人的束缚绝非想象中的易于克服，一旦健康被摧毁，想靠意志力去突破自我、去改变局势很难。

推荐大家有空了看一本书，叫《此生未完成》，它是复旦一位青年教师于娟在临近生命消逝的最后一段时光创作出来的，面对世俗的成功，于老师为此付出无数的精力和热血，不惜把自己过成了旋转不停的陀螺，直到因为意外晕倒被查出乳腺癌晚期才被迫停下。

在书中，她懊悔自己曾经为了这样那样她所谓的重要事情没有照顾好身体，最后抱憾离去，留下心爱的孩子丈夫和热爱的事业，不禁令人惋惜不止。

真正认清好好活着的意义，我们付出的，不应该是生命的代价。

04

巴西著名作家保罗·柯艾略在《牧羊少年奇幻之旅》里说：

"我现在还活着，当我吃东西的时候，我就一心一意地吃；走路的时候，我就只管走路；如果我必须打仗，那么这一天和其他任何一天一样，都是我死去的好日子。因为我既不生活在过去里，也不生活在将来中，我所有的仅仅是现在，我只对现在感兴趣。"

活在当下，是一种非常微妙的感觉，需要你能做到调节内心起伏，要专注，要用全部精力投入你当下的举动，可能是在工作、阅读、聊天、发呆、睡觉……

这是看似容易却非常难以持续做到的，它需要持续不断的修行。

活在当下，最有效的方法是从一件事做起，做到极致。在这个过程中，你会变得强大，内心会更加坚定和专注，甚至开悟。

真正做一个活在当下的人，就不会每天浪费太多时间和能量在胡思乱想上，心情会跟着当下的状态，或喜、或悲、或兴奋、或平静，很纯粹、很富足。

活在当下，不仅要专注，还要为所当为。

还记得吗，我们总是习惯性地为自己许愿，等时间闲下来去健健身、学学某种工作技能、看看某本大咖的巨著，等有时间回家陪陪父母、陪陪爱人，等有时间去国外拍拍照写写生、同两三好友一起去特色小店喝芝士玉米、吃一杯芒果沙拉、啃一个菠萝串……

最终你会发现，这些事情一直都拖着没有做，原因很简单，没有一件事能等人完完全全准备好再去开始的。

很多事情只能见缝插针地完成，从小的细节上开始执行才能做好。

事实上，人生无非就是把有限的时间和精力分给纷繁的人和事，学习如何分配时间给重要的人和事，这也是一门学问。

越长大越懂得，成熟不是天不怕地不怕的有勇无谋，而是越长大，不切实际的妄想越少，运筹帷幄的事情越来越多，越来越清楚返璞归真、活在当下的道理。

珍惜眼前的人，做好手边的事，因为我们不为人生终点的那一刻而活，只为了活着的过程中可以更舒坦一些。

人人自有定盘针，万化根源总在心

01

昨天，约了一位读书时期较亲近的同学小栗出来走走，路遇一家新开的咖啡馆，我们进去选择一个小卧坐了下来，桌上草莓樱花拿铁的甘甜阵阵扑鼻。

"亲爱的，问你个问题，小时候的梦想你还记得吗，现在实现了吗?"小栗眨了眨圆圆的眼珠，呆萌地望着我。

我被这么一问，突然怔住了，不是我忘了，而是太多了。

"小时候的梦想? 你想听实话吗?"说实话，我不是故意说出这句欠打的话，而是我要思索一下，哪个梦想还算靠点谱。

"废话，当然是听实话啦!"小栗瞥了瞥我，把小脸扭向窗外的车来人往。身处喧嚣繁华地段，咖啡馆如此静谧的环境真是不可多得。

"说出来都不怕你笑，我还想过当演员呢，小时候看古装戏，天天把我妈晾在阳台的床单偷偷拿来披在肩上，把干爽的毛巾散在短发上当长发呢。然而又有什么用啊，眼看着脸越长越残，加之各种现实因素，这个幻想怎么会是梦想呢。"

听到我这些话，小栗扑哧一笑，笑的样子纯真可爱。

"后来我想做一名潜心学术的学者，整天坐在图书馆或实验室里撰写数十几万字的论文，对我来说，这是一件超幸福甚至很期待的事情。所以我的梦想就是考博士，至于实现的问题嘛，现在还在准备的路上。"

"嗯，我记得读书时你一直很棒，现在工作了还存有读书的梦想，这本身就是一件难能可贵的事。"

小栗坚定的鼓励让我听上去暖暖的，尽管我深知自己偶尔也会犯懒，路很长，走得很慢，但我却始终不曾忘记，使命在我心中像熊熊烈火不停燃烧着。

02

我反问小栗："你呢，小时候的梦想是什么，实现了没?"

"呃，你知道的，我愿意写写东西，写日记也好，写随笔也好，反正就一直在写，因为我的梦想就是成为一名文学作者，做一名撰稿人吧，虽然我现在只是一名普通的小行政，距离作家梦太远。"

显而易见，小栗有点胆怯且自卑于这个听上去很遥远的梦想，因为梦想是照亮每个平庸之辈的光芒，追寻的路途漫长久远，要历经千难万难才能抵达，不是每个人都能说到做到的。

在这其中，努力、机遇、实力，各种不确定因素综合决定了这件事的可能性，成为作家的难度绝对不小。

"小栗，既然这是你的梦想，你要大胆说出来，不藏不掖，我就是要做一名作家，还是一名优秀的作家，不要觉得不好意思。"我放缓话语，想给她真挚的鼓励和肯定，无论从目光神态到语境。

我真心觉得小栗文学方面很有天赋，文字功底又很好，读书时虽不是名列前茅，但作为语文课代表，她当之无愧。每次模拟考试，她的作文一定是作为范文被全班传阅。在校内，她是出了名的小才女。

　　大学期间的课外之余，当别人都出去聚会疯玩的时候，只有她，捧着几本厚厚的名著到学校自习室阅读，像一块海绵一样不断吸纳被中外称道的文学著作中贮藏的养分。

　　当文字输入量足够，她便开始不定时地用纸笔输出一些忽闪在脑中的散文和故事，零零星星向一些刊物杂志投稿。渐渐地，她也得到编辑和身边人的欣赏和赞扬。这些我都是知道的，然而现在，她脸上的不自信让我有些疑惑。

　　"别看我一脸坚定不移的样子，但是我了解自己，内心还是有点害怕被人嘲笑，尽管我已经做好了被黑的准备。"她双眼突现微微湿润，轻声细语道。

　　我理解她此刻的状态，谁不是一样呢，一直坚信热衷的事物总是看上去遥遥无期、若隐若现。或许处于当下竞争激烈的年代，心为物役，梦想日渐显得奢侈，人难免觉得生活很迷茫，不懂进退取舍。

　　"写作是你的闪光点，这么多年你也一直坚持了下来，雷打不动，每天更新你的专栏文章，这是我亲眼看见的。而且，你的文笔也越来越流畅自然，所以千万不要在意别人有意无意的冷嘲热讽，你要相信，你写过的一笔一字，早晚会成就你的所向披靡。"我说。

　　"可是有人跟我说过，这条路实在不适合我，要么我的文字不符合市场需求，有时候想到别人的这些否认，我真的想过放弃，毕竟我没指望写作给我带来过什么，只是单纯的喜欢而已。停止也罢，并没什么损失。"小栗越说越委屈，泪珠盈睫。

　　"损失大了！就因为他们这云淡风轻的话，你就轻而易举否定自己的梦想，那你真是损失巨大。你写作的目的单纯，又没有生活的困扰，所以你就更没必要放弃，对别人的质疑别太在意就好。我问你，你的作品没人喜欢？"

"当然有人喜欢，很多专栏的编委经常征用我的稿件，然后发布在各大平台上，此外还有很多读者给我留言，表示喜欢我的文风。"她有点俏皮地回答我。

"那就说明你有受众。现在你的犹豫，不过说明是你内心需要武装一下了。"我不厌其烦地接着在她耳边絮叨。

看到小栗无助的样子，我决定给她讲个故事。

03

从前，有一个小和尚，他问老和尚："师父，你觉得得道之人最宝贵的品质是什么？"

"你认为呢？"老和尚含笑看着徒弟。

"是勤学好问吗？"

老和尚摇了摇头："不仅于此。"

"是安贫乐道吗？"

"不仅于此。"

"是坚持不懈？"

"不仅于此。"小和尚一口气答了十几个答案，老和尚都一直重复这句话。

"那师父您说，最重要的是什么呢？"小和尚没辙了。

"得道之人最宝贵的品质就是，在面对别人的否认和质疑时，敢于坚持自己的笃信热衷，在面对别人有意无意的讽刺和不解时，又竭力保持心胸豁达，淡然处之潜心向佛。"

王阳明大师曾经说过：人人自有定盘针，万化根源总在心。

参考刚刚我讲的故事，我们就会发现，人的心其实非常强大。只要内心足够坚定执着，就自然不会让自己陷入现实与梦想的夹缝中苦苦挣扎。

所以，无论谋生与梦想是否重合，都要妥善处理两者的关联与区别，从容淡定不慌张，坚定内心不动摇。

小栗听过故事后，脸上浮现出一缕和煦的阳光，一闪一闪，甚是好看。

我始终坚信，梦想的力量是巨大的，它是一种无声的意志力。

成功的彼岸对这颗心没有别的要求，只需一点，就是坚韧和强大，在这浮躁而又充满诱惑的社会环境里，你要足够坚强摆脱干扰，才能专注于你热爱的事情。

马云的内心不强大，就不会有阿里巴巴；马化腾的内心不坚韧，就不会有腾讯；李彦宏的内心不强劲，就不会有百度；柳传志的内心不刚毅，就不会有联想。成功的路上并不拥挤，因为坚持到最后的人少之又少。

因此，一颗坚定的内心是多么的重要啊。

无论你做什么事，都很难得到一呼百应的肯定和许可，总会有人用或轻或重的语言打压你，甚至会夸大事实，消耗你的自信心。这时候，内心的坚定就起到至关重要的作用了。

要么选择灰溜溜地打道回府，要么选择心无旁骛、勇往直前，这就是心和心的巨大差异。

每个人都有自己的闪光点，都有专属自身的能量来源。哪怕曾经用一百分的热情去追逐，最后仅得了七十分，但在追求梦想的过程中全力冲刺过，给自己一个圆满的交代就足够了。

不管一个人的年纪多大，内心有火热的梦想，始终在行进的路上勇敢笃定、坚持不懈，想必这就是最酷的一件事了吧。

在生活中，你见过哪些自甘堕落的人

01

看到热搜第一名的聚焦热文，标题叫：《你26了！不是6岁！》

我的第一反应是整形广告。譬如：时代，因你而改变；你给我信任，我还你奇迹……诸如此类的整形塑颜广告词。

热搜新闻点击进去一看，才了解到，原来是江苏镇江一个26岁的男子，失业后向父亲要5000块钱，却不料遭拒，为此他喝了一口百草枯，躺在床上，又哭又闹，想寻死。

民警来到现场，得知事情的来龙去脉后，再也看不下去了，就悲愤交加地说："你26了！不是6岁！"

是啊，这个年轻的男子，你已经26了，不是6岁，你是个大人了。26岁，意味着你不能再肆无忌惮地闹脾气，不能再轻易蹉跎你的岁月，你要承担起一个成年男人应有的责任了。

如果你没有好的学历，如果你没有好的背景，那么总要独自顶住压力，默默坚持。

假如视野、格局、学历、专业、能力这些已经让一个人输在起跑线上了，后续连比别人付出更多的想法都没有，那么可能会有很好的发展吗？毕竟独自跨过黑暗默默努力，才可能会有最好的未来。

所以，很多人不是输在了起点，而是输给了自己。

02

一个人如果自己想堕落的话，其他人是不能救他的，就好像你永远都叫不醒一个装睡的人，他自己不想站起来，就永远只能是一滩烂泥。

同样的26岁，有些人在厚着脸皮满嘴抱怨自己命苦，还在伸手向父母要金钱、求疼爱的时候，巴菲特已成立了巴菲特联合有限公司；比尔·盖茨已创立了微软公司6年；张朝阳正在美国麻省理工学院攻读博士学位；潘石屹在海南已开办了自己的房地产企业……

没有比较，就没有伤害。这些有目共睹的鲜明对比带来的心灵震撼，不仅是对这位年轻的男子，也是对这个世界上千千万万个26岁的青年。

所以，千万不要觉得年轻就可以肆意挥霍，青春是资本，也是你偿还不起的成本。趁年轻，好好去拼一把，去爱去恨去浪费，去追去梦去坚持，去付出去努力去无悔，大好的人生就这么轻易放弃了，都对不起曾经活的那二十多年。

无论现在处于什么样的年纪，趁现在还有时间，尽自己最大的努力，努力做成你最想做的那件事，成为最想成为的那种人，过上最想过的那种生活。也许我们始终都只是一个小人物，但这并不妨碍我们选择用什么样的方式活下去，这个世界永远比你想的要更精彩。

03

在生活中，有些时候一件事甚至一句话就能改变一个人，有些人因为一件事而奋斗拼搏，也有一些人因为别人的一句话而自暴自弃、自甘堕落。

今天在网上看到一个人提出这样一个问题：在生活中，你见过哪些自甘堕落的人？

有很多网友讲述了自己身边人的故事，让我们看看是怎么说的：

@阿甲：我表姑家小弟，26岁，原本年轻有为，小小年纪就有了几百万的身家，可是去年沾染上了赌，输得一塌糊涂，妻子也与他离婚了，现在表弟一个人把自己困在家中，整天萎靡不振……

@阿乙：一个朋友，25岁，在我们小城市算是有钱富二代，坐拥三套房产，存款估计几百万以上，开一辆宝马x6，由于近两年迷上了赌博和嫖娼，全部都花光了，只剩下了一台车子。后来有一天，他喝了很多酒开车出门，撞到了高架桥上，车子自燃后爆炸了……

@阿丙：我们寝室有个室友，20岁，可能是我目前看到的最堕落不堪的，除了泡在网吧打游戏，每天只在晚上回来寝室一次。我觉得，既然考上了大学，为什么不学个一技之长，天天打游戏有什么意思。他的家中看样子也不太富裕，难道以后进入社会喝西北风吗？

@阿丁：我的一个小学同学，马上快30岁了，他每天最喜欢做的事情就是上网，出去胡吃海喝，一个月挣两三千的工资，还不够他出去造的，下班回了家就往网吧里钻，对老婆孩子不问不管……

你悲不悲惨、改不改变、努不努力，影响不了别人，影响的只有你自己。不要让任何人成为你不思进取的借口，没人会理你的。你只有变得更好更完美，才有资格影响别人，别人才会重视你、尊重你。

04

年龄，不只是一个数字，它是一种隐喻的象征，也是一个慑人的预兆。人的一生既不能妄自尊大，也不能自暴自弃。心态对了，心结就解开了，眼睛看到的世界也就对了。花一般美好的年纪，要让自己充实一些，无论是钱包，还是心灵。

所以，不要总是活得像个落难者，奢求别人的帮助。你的落魄要自己消化，本就一无所有的你，唯一的捷径就是，一步一步地把自己变得越来越强大。

我们来到这个世界上，一路走来，也会有很多挫折和不如意。不管怎么样，你都要相信，没有到不了的明天。这世界没有我们想的那么糟糕，不管我们经历了多么糟糕的一天，过去就好，一切会越来越好。毕竟每个人生活的主题，是如何把自己经营好。

26岁，即便生活开始让人遍体鳞伤，但那些催泪的伤口，终究会变成最强壮的地方。人生短暂，要把时间放在有意义的事情上，并不是每个人都会成为别人眼中的优秀者，但每个人都可做自己命运的主人。

在这个世界上，有这么多的励志故事、励志人生，年轻人完全可以学习前辈的经验，吸取教训，谱写属于自己的精彩人生。

已经那么大的年纪了，就别那么怂了！

那些最容易被"干货"欺骗的人

<u>01</u>

前两天，有一位好友贴在我耳边说：

"小牛君，我觉得你应该转换一个写作角度，别总是盯着青春励志情感的故事散文，你看看那谁哦，一样的90后，人家写的《干货！教你如何成为优秀的作家》，几天时间被各大自媒体转发，火得一塌糊涂，知道为啥不？"

"为啥？"他问得我满脸疑惑。

"看标题最前面！干货，你得找个领域写点经验，给别人传授干货知识！"

我明白朋友这是出于好意，此话本身绝对没什么错误。写作这件事是要给自己定下一个特定的领域，然后由浅入深发掘自己的强项，经过漫长的训练慢慢磨出写作的本事，提升经验，绝无他法。

抱着莫名的崇拜和好奇，我立马去翻来刚刚朋友指出的这篇所谓的100000+文章看了看。

我不妨直说，里面那些条条框框被叫作"干货"的东西多数是脱离实际、沉迷包装、浮夸成性的空洞又教条的内容，唯一的几个亮点，还是取自百家之言、自行杂糅的句子，丝毫不见真正的"干货"。

"干货"受人欢迎的原因之一，就是它对我们的某项技能有实际的促进作用，有指导性和借鉴性，但是现在，恐怕有些人要把这词换成"泔货"了。

话说回来，通常情况下，真正的作家，怎么会叫嚣着去教别人怎样成为作家呢？

读了很多名人作家的采访和自传，我发觉他们多数人都不认为自己很特殊，他们笔下生花，只求诉诸内心最真实、最渴求表达的情感。

说到底，因为谦卑，他们突破了"本我"和"自我"的束缚，已经摆脱人间烟火的诸多躁动而上升至"超我"的境界了。

又或者，人家真的很忙，哪有那闲情逸致教别人成为作家。

王小波说过一句特别可爱的话，我记忆犹新：

"人在年轻时最头疼的一件事，就是决定自己这一生要做什么，在这方面我也没什么具体的建议，干什么都可以，但最好不要写小说，这是和我抢饭碗。"

一个刚刚出道的口水文作者，凭借互联网一时的热炉，就天真地自诩作家，抬高姿态口口声声地自称文章是干货，冒出头来教人写作？

这是不是有点像一个小学没毕业的人去教小升初的班级，没考过大学的人去做高三毕业班代课教师一样，不切实际、荒诞不经？

没什么含金量的内容就可以轻轻松松通过"干货"两个字博人眼球，使人们眼前一亮。

各位，当你们看到下面的标题都是什么感觉？

"你不得不看的××推广圣经"

"100个提高××的方法"

"掌握这5点你就篇篇10w+了"

"我是怎样用5000块钱运营出100万粉丝的"

好吧，小伙伴们慢慢见得多了，懂得识别了，心里想着再见吧，那些自诩"干货"的"标题党"！

02

有时候我们自认为的理性往往是片面的，事实上，很多人已经沉溺在寻求"干货"的漩涡里不能自拔了，只是未曾意识到。

没错，我们总是不经意间中了"干货"的毒，却不知。

读书永远是人类不朽的话题，可是不知道从什么时候开始，我们变得好忙啊，忙得没时间阅读，尽管明知道阅读可以抚慰焦躁不安的精神，填充空白虚无的灵魂。

想要在短时间读大量的书？有办法，读"干货"啊！

没错，人家就是成功抓取我们这种焦躁又渴望软化内在的心，才给我们出版精美的浓缩版读物。

浓缩书是什么？那是把名家动辄几十万字乃至几百万字的巨著浓缩成一个薄如蝉翼的小册子，美其名曰：干货浓缩版。他们把自认为的精髓用几页纸的内容讲通了，给读者简短浓缩的故事概要。

那些急于求成的人认为只需要看看浓缩书，或者索性听听各种App里面的个人讲书，浅尝辄止就足够在别人面前侃侃而谈了。既显得博学多才，又能短时间速成，何乐而不为？

如果真的喜欢干货，那么托尔斯泰大师的《安娜·卡列尼娜》

只是讲了一个追求真爱和自由的女人，在时代不允许的情况下一筹莫展而卧轨自杀的故事；

米兰·昆德拉的《不能承受的生命之轻》说了一个灵与肉是否能和谐统一的哲学问题。

那些只读浓缩版"干货"的人，他（她）只知道安娜出轨不忠，却忽略了详尽的时代背景和现实中生活对她的无形打压；

他（她）只知道特蕾莎傻傻付出渴望爱人独宠，却不知她从小到大的生长环境如何。

大家坐在一起喝喝茶聊聊天，说起任意的一本享有美誉的大作，他（她）都熟悉无比，几句话把书讲解得精短简洁。然而，作者一字一句地勾勒的书中主人公的饱满性格、细致的神态心理、令人心惊肉跳的场景，他（她）全都一无所知。

一心求快的"干货"阅读，让我们的灵魂变得越来越枯燥了，变成了什么都知道，什么都懂的白痴，一点都不柔软，一点都不可爱。

的确，帮我们节省时间的工具很多，有人给我们读书，有人给我们讲电影梗概，有人帮我们取餐，我们剩下了好多的时间，不必事事疲于奔波。

然后呢？我们去刷刷微博、划划朋友圈、看看美女小姐姐直播、看个10秒视频笑得像个傻子、读个热闻围观打打call，事事去繁从简、省下时间的我们，究竟在干什么？

03

人性永远矛盾，想尽办法求新求快，读书，恨不得几分钟就看完一本，把剩下的时间用在无聊的事情上，这是本末倒置。

有些事情还是要明白的，那就别慌慌张张一心求"干货"了。

你要知道，即便我们看遍了千千万万的图纸，不去工地也做不了建筑师；即便会背诵前人留下的数以万计的至理名言，如若不接地气过活，也成不了真正的哲学家……

诚然，真正的"干货"让人学习到很多可贵的方法论和经验，但说到底，"干货"文章不过是一篇稿件，它的意义与价值在于给读者借鉴与启发，而不是"干货"在手，便成功在望。

从另一个角度来说，"干货"看似灵丹妙药，然而甲之蜜糖、乙之砒霜，别人的"干货"可能会是你的灾祸，任何一个具体的操作方法必定有它独特的产生背景。

被"干货"毁掉的，是人独立思考的能力。

如果仔细斟酌，我们会发现，这个世界上的大多数人，缺的不是不知道怎么做，而是连最基础的"为什么做"和"做什么"都没想明白。

归根结底，这世上最好的"干货"就是，逻辑清晰的理论，加上我们亲自实践的内容。形式从来都无关紧要。"干货"是一种外力，真正决定人能走多远的，一定是发乎于心的主动思考和亲自实践。

因此，别整天高喊"干货"的重要性了，即便它价值连城，也不过是某个领域入门的环节，如何把它变成适合我们的量身之教材，将它融入思想体系里面，这才是我们需要进一步思考的范畴。

但是，在"干货"满天飞的时代，能不能消化和有效吸收，就是见仁见智的个人问题了。

真正见过世面的人，到底什么样

冯仑曾经说过：一个人跌倒再爬起来并不难，难的是从至高处落到最低谷，还能走得更远，这不是一般人能做到的，这才是见过大世面的人。

真正见过世面的人，自然少不了两样东西：读万卷书，行万里路。因为一个人的知识决定了他的眼界，一个人的历程决定了他的宽度。

当然，一个人绝非因为多读了几本书、多出了几趟远门，就算见过世面了。影响人的见识宽度的，还有体悟、思考以及提炼。

所有的光芒，都需要时间的悉心栽培，才能闪耀万丈。

01

真正见过世面的人，经历人生起伏，看过世事沧桑，他们的丰富是刻在骨子里的。

哪怕藏于人群，周围的人也能感受到他们身上散发的气场，低调而有深度，端庄而又平和。在他们身上，最大的魅力，就是低调且内敛。

真正有见识的人，绝不会因为多读了几本书、多去过几个地方、比别人有更多的财富和资源而变得过度吹嘘、自鸣得意。

记得蔡康永曾在一个节目里谈到他儿时的经历。

小的时候，他被妈妈带到一个有钱的朋友家打麻将，到了饭点，主人把家里珍藏的山珍海味、鲍参翅肚拿出来招待。

蔡康永第一次吃到鱼翅，惊叹道：真好吃啊，这是什么东西啊！

主人微微地笑道：这是粉丝。之后还亲自给康永又盛了一碗：喜欢吃就多吃点。

有没有见过世面，就是看一个人到底会不会顾及旁人的感受，懂不懂得换位思考。尊重别人是见过世面的人最基本的教养。

成名后的蔡康永，现在还会遇到很多饭局，有时候上了名贵食材，往往会遇到请客的人大声显摆：这是神户牛肉，养牛的时候要做按摩的，要听音乐的，很贵的哦！

蔡康永笑着说：可能这就是有见识的有钱人和没见识的暴发户之间的差别。

有见识的人拿好东西招待你，是发自内心地想让你吃好喝好，让你欢喜；而没见识的人只是一味地喜欢炫耀，让你羡慕嫉妒，再感谢他的大恩大德罢了。

我们常说，人越炫耀什么就说明越缺乏什么，真正见过世面的人从不轻易炫耀自己的格局，在他们眼中鲍鱼跟粉丝一样，不过美食而已。

他们不会因为财富而高高在上，不会因为见多识广就自吹自擂，他们不会趾高气昂，更不会因为自己见识多而瞧不起他人。

真正见过世面的人低调而内敛，是因为见得多了，更觉得自身渺小，更加专注人生的意义而非虚名身价。

02

看一个人有没有见过世面，就看他是不是很好看。

没错，我说的"好看"，不仅包括面容的精致，也包括阅尽繁华之后，返璞归真的真实和高尚有趣的灵魂。

前几天，我参加了一场别开生面的读书会，受益颇丰。其中一位姑娘给我留下了很深的印象，她有着精致的妆容、低调的衣品，举手投足之间透露出大家闺秀的气质。

谈到阅读心得的时候，她的观点总是独特而有深度。

互相渐渐熟悉之后，我才了解到，这个女孩学历高，阅历足。她的父母是外交官，她从小跟着父母走了大半个地球，见识多多。

然而她给人的感觉，一直是温和谦逊，从没因为自己的见识，对别人趾高气昂。

让我们倍感艳羡的是，年纪轻轻的她，不靠父母的资金支撑，凭借自己的本事，开了一家文化传媒公司。

那个时候，刚刚创业的她因为一份异地单子，在本该与家人团聚的时候，提着行李箱赶往外地商谈。

凭借自己的三寸不烂之舌联系客户，联系供货商，不嫌麻烦每天去公司监工，周旋在一群员工中间，应对自如。

皇天不负苦心人，她终于创业成功。简直像极了《欢乐颂》的曲筱绡富裕且励志的现实版。所以，我们对她的评价就是：不止会享福，更能吃苦。

真正见过世面的人，并非要看过世界各地的美景、出席过重要场合、接触过各类杰出人士、有过非凡的履历，而是理智地看待自己的圆缺，刚柔并济，行走于世，慢慢变成更好的自己。

知乎上一位网友说得十分有道理：

"一个见过大世面的人，会讲究，能将就，能享受最好的，也能承受最坏的，见过世面的他们自然会在人群中散发不一样的气质，温和却有力量，谦卑却有内涵。"

03

真正见过世面的人，经历过大风大浪，对学问和知识依然保持好奇并拥有探索的精神。

我家隔壁住着一位已经退休的大学教授。他年轻的时候，游历过很多国家，开过飞机，研究过坦克，亲眼见证过时代的变迁。

现在，即便他的年纪大了，老眼昏花，依然没有放弃对世界的探索和学习，爱书如命。

三毛说过：书读多了，容颜自然改变。许多时候，自己可能以为许多看过的书籍都成过眼烟云，不复记忆，其实它们潜在气质里、谈吐上、胸襟中，当然也可能显露在生活和文字中。

每次问到老教授，为何对书本仍然饱含热情时，教授总是笑笑说：

"不读书只能活一次，读书却可以经历千百种人生。很多人生哲理与感悟，在前人思考成果的引领下，更容易领会。"

这样的人，相信无论放在哪个年代，都是人上人，都是见过大世面的人吧。

王家卫在《一代宗师》里说：

人这一生，要见众生，见天地，见自己；

见了众生，明白了众生相所以宽容；

见了天地，体会了伟大与渺小所以谦卑；

见了自己，感受了本我和真我所以豁达。

见识多的人，更懂得尊重别人，对人恭敬其实是在庄严自己。

世面见多了，眼界就宽了，心胸也广了，格局也大了，欲望就少了。

见过世面的人，懂得见微知著，见贤思齐，不囿于琐碎，不困于庸常，眼里闪着亮光。他们宠辱不惊，从容淡定。

他们身上闪耀着一股剥离了自我感觉良好的朴实无华，低调内敛、有趣可爱而又不乏接人待物的和蔼可亲。

人生有限，该学的事情还有很多，见过世面的人，在面对陌生而新鲜的事物时，始终能保持单纯的好奇和真诚的敬畏，性情淡定而从容。

见过世面的人，是在一次次努力付出之后，终于知道什么才是适合自己的方向，并为此坚持下去，成就自己独一无二的气质与修养。

见过世面的人，史善于透过现象看本质，知道哪条路才是正确的，哪个选择才会更有可能活成自己想要的样子，不负此生。

只有这样，才能真正算得上是一个见过世面的人。

如果恶言也成为伤害你的理由，那你该有多脆弱

01

看过一则很有意义的问答短言，让我印象十分深刻。

寒山问拾得："世间有人谤我、欺我、辱我、笑我、轻我、贱我、骗我，该如何处之乎？"

拾得答曰："只需忍他、让他、由他、避他、耐他、敬他、不要理他，再待几年，你且看他。"

今天我们的主题就是，现实生活中，假如你遇上他人的侮辱谩骂怎么办？你是选择屈服还是会勇敢还击呢？

可能大多数人的反应会是：该出手时绝不惯着。也有人说，骂人就是骂己，随他去吧……

回应千千万，当然最重要的是，在面对别人的语言暴力时，我们要如何保护自己的情绪不受其影响？

02

在探讨这个问题之前，先讲一个大家耳熟能详的故事。

渑池会战结束以后，由于蔺相如功劳大，被封为上卿，位在

廉颇之上。

廉颇说："我是赵国将军，而蔺相如只不过靠能说会道立了点功，可是他的地位却在我之上，我感到羞耻，如果我遇见相如，一定要羞辱他！"

蔺相如听到这些后，便想尽各种法子躲避廉颇，拒绝和廉颇产生正面冲突。

他的门客十分不解："廉老先生口出恶言，而您却害怕躲避他，您怕得也太过分了！"

蔺相如回应说："强大的秦国之所以不敢攻打赵国邯郸城，就是因为有我和廉将军在，如今两虎相斗，势必不能共存。区区几句抱怨、谩骂算得了什么呢？"

蔺相如的话传到了廉颇的耳朵里，他十分惭愧。于是他背上荆条，到蔺相如府上请罪。从此以后，两人同心协力保卫赵国。

蔺相如在受到无礼的责骂时，能言善语的他，并没有恶语还之，而是一笑了之。

在被他人谩骂时，此时无声胜有声，是最好的反击。

记住，毋让别人蓄意的恶言成为你消极的借口和堕落的理由，你要坚强振作！

03

我想起一位学弟给我讲的他自己的亲身经历。

学弟刚读大一的时候，寝室的几位室友互相还不太熟悉。学弟信奉的原则就是：客气为先。毕竟出来读书都不容易，然而有一位室友并不这么想。

有一天，学弟在寝室支起小桌阅读，这位室友十分自我，噼里啪啦地敲击电脑玩游戏，发出噪音也就算了，还用语音和其他玩家互相大声对骂，玩得好不痛快。

起初，学弟戴着耳机还能堵住噪音，谁知道，他的声音越来越大，再也忍不了了，于是学弟客气地问了一句："同学，戴个耳机好吗？"

谁知道，这位室友把玩游戏的挫败恼怒发泄在学弟身上，张口就开骂："你凭什么命令我戴耳机，有病！"

学弟先是傻了一下，接着气定神闲地看着他，一言不发。

谁知这位室友，越骂愈加生气，已经生气到吼骂着要来掀学弟桌子的架势……

学弟回忆说：学姐你知道吗，当时我脑子里片刻闪过千万个想法，真想站起来打一架的。

不过，好在学弟当时冷静下来，打开了手机的录音和拍照功能，非常淡定地吐出三个字："你继续……"

这位室友恬不知耻地继续爆粗，企图过来动手。

学弟手机对着室友，缓缓地打开拨号按钮，准备按下校园警务的号码。

这位室友一看事情闹大了，再加上其他室友的劝解，识趣地回到自己的位置，安静下来了。

学弟讲完，我一边笑个不停，一边夸他机智。

和垃圾计较，你就变成垃圾了。就是这个道理嘛。面对这种人的辱骂，重要的不是回复哪些话，而是淡定自若、优雅从容的神态！

总之，一定要气定神闲，保持微笑。

由此，我更加相信，面对那些蛮不讲理的行径，你表现得越不在乎，就会越容易激怒对方，他愈气，你就要愈礼貌得体，落落大方。

因为对于某种人来说，语言是苍白的，他们听不懂，所以不要和一个"垃圾人"有口舌之战，认真你就输了。

当然，有很多朋友觉得这个观点不完全正确，因为有些人就是得寸进尺，不配宽容忍让，于是选择气急败坏之下奋起还击。

然而，通常情况下，情绪外露而生怨懑，气极败坏时口不择言，往往不仅姿势难看，而且难免会造成两败俱伤。

那么，问题来了。我们如何优雅地化解僵局，让对方输得狼狈，自己赢得漂亮呢？

法则就是，无论自己有错与否，把自己降到一个谦卑的位置，然后优雅还击。有错的承认错误，没错的自谦自嘲，让对方无所遁形。

04

事实上，最优雅的还击是不还击。

骂敌一千，伤己八百。

对于现实生活中的小事，还击姿势再优雅，还是劳神伤力费感情。

苏东坡被贬谪黄州时，经常与佛印一起参禅打坐。佛印生来老实，总是被苏轼欺负。

有一日，苏轼问佛印："我打坐的样子像什么？"

佛印说："像一尊佛。"

佛印反问，结果却被苏轼说成："像一堆牛粪。"

苏轼为自己的答案沾沾自喜，认为又打赢了一场嘴仗，回家跟苏小妹炫耀。

苏小妹一听，便说："心如佛，所以看人像佛。心如粪，所以看人像粪。哥哥！你实在比不上佛印禅师的境界啊！"

面对苏轼的诋毁，看似没有还击的佛印，却更胜一筹。

作为成年人，很多时候还是要理性一些，礼让是因为教养，沉默是因为谦卑。

当尚未知晓全局事态时，淡然自若、一笑泯然以待之，何尝不是聪明的解决办法？至少在别人看来，你的优雅大气已略胜一筹。

当对方朝我们扔来谩骂时，如果我们以其人之道、还治其人之身，正好迎合了他们的垃圾心态。

如果我们以一种云淡风轻的姿态去面对他们，胜者往往都是我们，毕竟相由心生，境随心转。

试问，生活的挫折都没有让你就此堕落，别人恶意的语言就轻易打破你的底线，那么你的内心该有多脆弱。

所以，面对没脑子的人那些闲言碎语，若无其事，是最好的回应；云淡风轻，是最有力的反击。面对恶言刁难，如何强大内心？记住一句诗：两岸猿声啼不住，轻舟已过万重山。

五、此去经年，彼岸花开 ————

此去经年，彼岸花开

<u>01</u>

我们每个人的一生都会遇到很多人，有心仪的人、有讨厌的人，喜欢的原因有很多，讨厌的理由也能说出一大堆，什么样的性格特点会更招人青睐，大家的衡量标准应该是各有不同。

读书的时候，我暗恋过一个男孩，姓吕，貌若潘安，写诗一流，唱歌好听，坏坏痞痞的，喜欢穿着一身帅气的黑色运动装穿梭在篮球场，每次从身边走过去都是香香的。

爱打扮、爱臭美、爱写诗、爱运动的他，这些特点难免给人一种感觉，就是精力不会用在学习上，但他的学习成绩却很好，让人不得不佩服他的聪明。

令我苦恼的是，我和别的帅哥很容易打成一片，和他却像隔着一道巨大的鸿沟。

一个学期过去了，我成为班级的学委，所以收发作业是我的工作之一。据个人了解，好看的男生很少按时交作业，小吕同学就是一个典型，尽管他成绩优异。

第一天，我这个"新官"上任就烧了个三把火，早自习来了就一脸严肃地收作业，不交就上报，结果肯定是各种处罚。

就在这时，他以从未见过的样子站在我的眼前，满脸堆笑，露出一排整齐的牙齿，把两只深邃的眼眸眯成两道黝黑的缝隙，悄悄跟我说："放我一马，小的求您了。"

哎呦喂，瞬间全身通电，这还是我心仪的那个少年吗，怎么俨然变成了这般低下的存在？但是说实话哦，这着实是大写的刺激和畅快。长得帅，成绩好，投球准，那么拽，没想到你也有今天。

"如果全像你这样，我还收什么作业！"我瞥他一眼，脸上摆出和他以往一模一样的不屑。

"昨天我花了一晚上的时间做了一个跑车模型，后来太困了，就没写……"班级到处是叽叽喳喳的说话声和笑声，但我仍然能清楚地听见从他的唇齿间发出的恳求……

"不交肯定是不行的，不过呢，老师今明两天去市里有讲座，你晚点交给我也是可以的，请配合下我的工作吧。"我别过头，故意不看他，露出不变的一脸嫌弃，但内心却是对他深深的袒护。

"就知道你最好！一定配合，一会儿我就补作业。"他把手塞进书包，从里面掏出一个精致小巧的玩意，"喏，送给学委大人吧，昨天一晚上的心血呢。"

他的跑车模型，我都不感兴趣，但重要的是，当时的语境和神情让我确信，我们的友情绝对会长久。

02

不出所料，我们成为很好的伙伴和搭档，尤其是节日办宣传报的时候，他负责手绘，我负责写字。

学习成绩也是不相上下，互相鼓励进步，只是我们优势点不同，他靠聪明机智，我靠努力死磕。

好在我们互相欣赏，就像亲密的知音。他习惯叫我"闺女"，我喜欢叫他"孙子"。

我们下课会一起去吃校园旁边的酸辣粉，一起参加学校活动为班级争光。别人认为我对他暗恋明恋的无所谓，我一点都不在乎。

心大还是勇敢，我也说不清，反正我就是喜欢他，怎么看他都顺眼。

那时候，我还不懂好感和喜欢的区别，只是觉得午休的时候看不到他在斜后角的座位上休息，就特想跑到篮球场有意无意寻找他的身影，否则就莫名其妙地担心。

有一次，我的担心还差点变成真事了。

那是一个炎热的中午，午饭过后教室内外一股难熬的热气，每个人脸上呈现出浮躁和喧嚣。

想着小吕中午说有事，没和我们一帮人一起吃饭，我就觉得匪夷所思，这孙子是要去哪呢？看着马上到上课的时间，他还没回来，我心急如焚。

"你去哪了，还没回来。"那时候还流行用QQ聊天，可是他始终没有回复，让我一点点失去了耐心。

我坐在教室座位上，就像得了痔疮坐立不安。出去找他，该去哪呢？可要是不找他，总觉得心神不定，因为他看见我的QQ消息不会不回复的。

"听说我们学校中午有人和社会混子打架了，有人都被打进医院了，咱班小吕也有参加。"八卦大神吃完午饭回来大爆料。

"什么？他打架了！"我一下子站了起来，再也淡定不下去了。

"是啊，他在旁边的医院里呢。"大神头都不抬，一看就是见过大世面的人。

我不管不顾地冲向医院，医院门口碰到几位认识的同学，顺着他们所指的方向，我来到一个挤满人的医院大厅。

我看见小吕正比比画画和两位警察叔叔录口供，我和他有段距离，但看到他身上没有受伤的痕迹，便暗自庆幸，安慰自己，反正他没事，别慌，别慌。

我有个很大的缺点，就是情绪失控就控制不住地想哭，几分钟后他看见我便向我走了过来，我也是真不争气，越是用力捏胳膊，越是忍不住眼泪。

"你怎么哭了，担心我吗？你看你看，我哪有事？"他抬起胳膊，360度转身给我看，我默不作声却是满脸泪水。

"我这么怕死的人，怎么敢打打杀杀，只是帮忙做个证人，别怕，别怕。"他笑着看着我。

"谁怕了？我只是不想不明不白就失去你这个死孙子。"我用尽全身的力气挤出这句话，便老老实实跑回去上课了。

"呸呸呸，我活得好好的呢，闺女你等下……"他在后面不停地絮絮叨叨。

03

不可否认的是，他是我那时候努力读书很大的动力，每天能见到他，一起说说话，想偷懒的时候，一想到不能被他看扁就神清气爽，继续努力。

对某些人难以遮掩的好感，犹如青春时期的我们最擅长挥霍的特权。

嘴上不说，眼神也流露不已，即便演技再好，也躲不过每一个有意无意的牵挂和关心。

时光辗转，几年过去我们穿梭在不同的城市，见到彼此的机会越来越少，各自有了各自的圈子。他一直都很优秀地发着光，顺利考到一个沿海城市的研究院上班。

后来，听他说准备结婚了，看照片对方是一位温柔可人的妹子，我调侃地说："你还不是一样，外貌协会，这让我觉得你好肤浅哦，友尽吧。"

"是，我肤浅，那也总比有些人读书时看见帅哥就走不动道好得多吧，居然有勇气笑话我呢，哈哈哈哈……"

他在电话那边咯咯地笑着，我的眼前不自觉地浮现几年前读书时，阳光透过绿色树荫映照在他一如既往干干净净的脸庞上的场景。

04

好感，是一种不图任何回报的甘愿，即便经过时间的考验最后变成普通朋友，变成路人甲乙。

那都是我们真实青春的写照，是没有打针、整形、p图和后天精心修制的最美模样。

世间所有美好的事物和人，谁会无故拒绝呢，那些若有似无的喜欢和好感所带来的，往往不是陈词滥调般的不思进取和自甘堕落。

相反，那个懵懂的岁月，在好感催生的好奇心驱动下，我们进入更多有趣好玩的世界，交了许多要好的朋友。

更重要的是，懵懂的好感赋予每个人永不停歇的动力，让自己变得更优秀。

出现在生命中所有美好的人和事情多得数不胜数，记忆又是一个很奇怪的武器，需要经过时光的淬炼打磨，才能发出灼眼的光亮。它照耀着每个人的生命，让人更有勇气向着光亮的前方飞奔。

真爱，到底长什么模样

"今天是5月20日，我们来交换礼物好不好？"

"哈哈，我正盘算着送你什么好呢……"

"很简单呀，落叶归根，你归我！"

"好吧，跟你这种人，除了恋爱，也没什么好谈的。"

爱情其实是个很玄的东西，美好的爱情我们都曾幻想过，电影里见过、小说里读过、戏剧里演过、梦里亲历过，可让很多人费解的是，自己在现实中怎么就没碰到过"美好的确幸"呢！

01

话说回来，虽然关于爱情有很多现实情况不尽人意，但我们不必慌张，也不必彷徨。你要知道，在这个大千世界，真的有人找到了对的人。

阿严是身高1米8的长腿鲜肉，眉清目秀，清新俊逸。这么形容真心是一点都不为过，他不仅外在条件好，而且聪明伶俐，读书不费吹灰之力就能考个好成绩。

他的家庭富裕、殷实，用当下的标准也可以说，他是中产阶层的富家公子哥，唯一的缺点呢，就是桃色绯闻不断，女友更换频繁。

今年年初，他突然在群里发红包、发消息，诚恳邀请全体同学参加他的盛大婚礼。

群里瞬间炸开了锅，大家纷纷送上祝福，但更多同学的反应是，这鬼居然结婚了？

他总说婚姻是爱情的坟墓，大家毕业之前闲得无聊的时候，都预测谁先结婚、谁后结婚、谁不结婚，而他绝对是我们认为的后者，但今天……

至于被父母逼婚这件事嘛，也不是没有可能。毕竟偶像电视剧看多了，也会有这种猜测，但看他在群里发喜讯的样子，只有一种感觉最真实，那就是，这份爱情着实让这位浪子收心了。

因为真爱酿制出来的幸福和甜蜜，是藏不住的，更是伪装不出来的。

我们比较好奇的是，新娘究竟是什么类型的人，具有何种超凡的吸引力能把我们的阿严收入囊中，把这位年轻有为的大帅哥迷得神魂颠倒，恨不得马上领证结婚呢。

婚礼现场，我们见到了优秀帅气的好朋友阿严，也见到了他的爱人。

现实让我们大跌眼镜，他们站在一起，如果单纯用颜值标准衡量的话，简直太不搭了，一点都不般配！

这位女子举止尚且文雅，相貌却极为普通，不是肤白貌美，也不是瘦高长腿，这的确让我们难掩诧异，毕竟以阿严的条件，找个美娇娘做终身伴侣，简直是不费吹灰之力。

他老婆和任意一位前女友比起来，都可以说，差得不是一星半点啊。

婚宴结束，他特意出门送几个关系较好的同学出来，外面夜色有点深了，每个人的脸都喝得像猴屁股一样红，大家相视一笑，我们知道，同学之间的情谊一直不曾变过。

友好的关系不减当年，那就直抒胸臆想说就说，想问就问咯。

"话说，你老婆哪里好，或者说，让你们结婚的冲动点到底在哪里呢？"当年的副班长小细终于按捺不住了。

阿严看着我们，坏笑了一下，又眨了眨眼，思索片刻，仰头看了看当晚尤为皎洁的明月。

"不是冲动，是真正的喜欢，让我想结婚了。"他说话的模样很认真。

"我老婆是一位学术领域的讲师，出版过很多专业的书籍，她知书达理、才华横溢。这不，博士马上毕业，我就急不可耐抓紧求婚，万一让别人抢走我可舍不得，我可是找到了一块宝耶。她最征服我的亮点就是，她是像一本百科全书般的存在。"

"百科全书?"我们几个人都睁大了双眼。

"是啊，每次和她聊人生、聊事业，她都能有独到的视角和前瞻性的观点，总是能给我最恰到好处的指引和温柔的鼓励，让我不断向优秀靠近。"

"哦，是这样啊!"同学们你看看我，我看看你，这话接不住了。

"你们知道吗？和她坐下聊天，就像在静谧的书房翻开一本精妙绝伦的书，包罗万象，一应俱全。俗话说得好，书中自有颜如玉，书中也有黄金屋，而她就是这本神秘的书，让我百看不厌、爱不释手。"

听到这，我们几个人瞬间默不作声了。是啊，人们总是用自以为是的角度，去评价他人的择偶眼光。

02

对的人，难道一定是郎才配女貌、富翁配千金？对的人，一定是羡煞旁人的神仙美眷？

不是的，一千个人，就有一千个复杂多样的搭配理念，你所认为的，只是你自己的价值观的体现而已。

陪伴是最长情的告白，我不完全赞同。喜新厌旧是人之常情，天天对着一个人，迟早会有些许的腻歪和烦闷，那么这个时候，有话聊又互相欣赏崇拜，终将成为一剂良药，让两个人持久爱慕又难舍难分。

很多人说，你这么说也不对哦，现在什么都要讲求个"条件好"，对方没个好条件，我找你干吗，我图你个啥？

对于这种人，我特别想问一句话，总说图对方个啥，麻烦你先看看自己是个啥？

在"精致的利己主义"较为横行的现实环境中，不难理解物质或相貌的重要性。有钱有饭吃，有貌有优势，但是如果纵容这仅有的狭隘理念畅行不止，结局只会让人变得物质日渐丰厚，但内心却空空如也，于是对快乐和幸福的感知力也就变得越来越差。

记得有一次，我听到一段话，大致内容是这样的：

真正的爱情，是不明所以的，甚至是没有原因的。为什么这么说呢？如果你因为一个人的相貌好看而爱他，相貌会随着年龄的增长而日渐衰退，到时候你很有可能爱上另一位外貌不俗之人；如果你因为一个人的金钱或地位而喜欢他，金钱地位更会因为"十年河东十年河西"这种不定因素的影响而跌宕起伏，到时候你很有可能爱上另一位有钱或有地位的人。因为金钱或外貌或各种附属的条件而带来的爱情，其实不是真正的爱情，那只是一种幻象或野心，让自己获取短暂刺激或物质满足的惰性心理。

所以，多元的世界有多个角度的爱情阐释，好的爱情到底长成什么样，可能每个人说出来都是不同的。然而，这并不能阻碍你追求幸福，因为美好的爱情本身就是局限的，不会是完美的、满分的。

就像我刚刚说的小严，他满眼都是爱人的优点和长处，懂得欣赏。他崇拜对方卓越的远见和满腹经纶的优雅，这就是美好爱情的样子。

美好始终存在，等着你细心挖掘，而你却永远挑三拣四，不懂识别，所以才单身孤独至今。

死去活来、轰轰烈烈那是导演手中虚构的剧本，不是人们现实中的故事。

03

爱情就是你不停絮叨，他耐心倾听；你看书进修，他打理善后；你微笑摆拍，他悉心记录……悄然无声、细水长流却不觉辛苦。

真正美好的爱情，就是两个人情投意合，彼此的人品和性格相配，三观相近又特质互补。也可以说，互相欣赏又互相崇拜、互相尊重又互相体谅。两个人的关系像呼吸一样自然又简单，纯净又美好。

因为只有这样，才能抵得过漫漫时间长河的考验和日复一日的枯燥。

通常情况下，融入骨髓般深刻的真爱，从来不拘泥于物质和表面。

真爱，藏在所有的铺陈和细节里，经过时光的酝酿，方见醇美和甘甜，你遇到了没？

其实，他并不是真的爱你

安妮宝贝在《最好的爱情》中曾经说过：最好的爱情，是两个人彼此做个伴。不要束缚，不要缠绕，不要占有，不要渴望从对方身上挖掘到意义，那是注定要落空的东西。

好的爱情，是两个人并排站在一起，看看这个落寞的人间。有两个独立的房间，各自在房间里学习、工作，一起找小餐馆吃饭、散步的时候，能够有很多话说。拥抱在一起的时候，觉得安全。不干涉对方的任何自由，不管何时何地，都要留给彼此距离，随时可以离开。想安静的时候，即使她在身边，也像是自己一个人。

然而，我们容易碰到的，经常是自私或愚蠢的人。他们爱别人，只是为了证明别人能够爱自己，或者抓在手里不肯放，直到手里的东西死去。成熟的感情都需要付出时间去等待它的果实，但是我们一直欠缺耐心。

01

美妙的事物需要缘分，需要从容，需要等待，更需要冷静应对。朋友的一通电话，突然把我从沉醉的思绪中抽离出来。

我们属于淡如水的交情，现在又彼此身居异地，我可以清楚地感受到她迫切地想将心事全盘托出的意愿，想必此刻她需要的是一个倾听者，而听筒另一旁的我只需安静听她倾诉即可。

我们暂且称她为小L。记得去年见她的时候，她一头乌黑的秀发，一脸精致的妆容，明亮的眸子，俊俏的鼻尖，火红的唇在一身职业装下喷射出旁人为之动容的魅力和气场。

然而与外在不同，那性感庄严的外壳包着的是孩童般的柔弱和单纯的心，她用妖娆的眼线勾勒着，却无法掩饰瞳中的脆弱和期盼，期盼着有一个人能懂她坚强中的柔弱，笑中的苦。

02

半年前，她遇到了他，他是一个富裕且有才情的男子，浪漫自然是少不了的。难过后的安慰，孤独中的拥抱，情人节的惊喜，美好的承诺——来到她的眼前。令她难忘的，是那个浪漫的婚礼现场，仿佛电影一样绚烂多彩。

她看着他的认真，看到他心中的坚定和诚意，那颗闪着光芒的钻石，有他心的温度。她哭了，不顾自己优雅的形象，不顾花了脸的妆容。

她任凭眼泪流过坚挺的鼻梁，划进嘴里，含盐的泪水却无端地散发一股幸福的味道，把她最真实的一面露给了在场所有的人。那一刻，她觉得她是最幸福的人。

电话中说到这些过往，她再一次呜咽着，让我在听筒这一头暗自摸索着她的情绪，体恤着她的伤感。我感受到，一次次的回忆化成一把把刀，刺在她心里，割在她脸上，乱了她的坚守，苍茫了她的岁月。

03

每个女生或许都有难忘的感动时刻吧。即便没有花前月下的求婚，必定也在青春年少路上听过甜言蜜语。

感动是一种能力，人皆有之，感受到温暖和幸福，流泪是本能。但是，生活最终会走向平凡，它不会时时刻刻给你惊喜和浪漫。它就像四季，有暖阳微风，有狂风暴雨。

转眼回首，发现曾经的温暖貌似从未有过，那个曾在耳边呢喃、憧憬未来的人，现在却为别人打着伞、说着情话。

就像我这位朋友小L，明明生活得很幸福，可偏偏她的丈夫出了轨，甜蜜被他人劫走，专属的幸福被他人拦截。小L与丈夫撕破了承诺，扯断了缘分，以离婚惨淡收场。

我不去谈论爱情，仅想对这类女孩说，那些不假思索就自认幸福的泪，目光不够长远就盲目投入情网的泪，是你对自己的身体和快乐欠下的负累。

为了不切实际的蜜语，为了虚与委蛇的光景，为了没有未来的恋人，为了本不属于自己的路人流尽了眼泪，泪痕留在脸上，刀痕刻在心上。这泪，值得吗？

04

独一无二的女孩，请你爱惜自己。不要仅因奢华的誓言而感动，仅因甜蜜的憧憬而落泪，你要知道，一切的后来终将归于平凡。真正的感动往往源于平凡的事物。快乐体现在点点滴滴里，幸福镌刻在细水长流中。

《东京爱情故事》里有一段话：现代人不缺爱情，或者说不缺貌似爱情的东西，但是寂寞的感觉依然挥之不去。

我们可以找个人来谈情说爱，但是，却始终无法缓解一股股涌上心头的落寞荒芜。爱情不是便当，它们依然需要你的郑重其事。

有太多细节可以判断他爱不爱你，比如愿意不愿意为你付出，愿意不愿意花时间陪你，对你是否忠诚。越是小的细节，越能说明他对你最真实的感情。

因为在意，所以小事也很重要。爱你的人，不会舍得让你等，也不舍得让你失落，甚至让你落泪。因为爱你，他会给你安全感，让你知道有人一直在身后关心你、爱护你、在乎你。

好的爱情就像跷跷板，你慢了，我停下来等你，我想强势一点，你就会为我退让一步。你愿意为我付出，我也愿意为你迁就，这也许就是爱情最美的样子吧。如果真爱未到，孤独的时光反而让人可以静下心好好想想，自己到底想要什么。

美好的爱情，永远是两个人的结果，而不是期望发展的幻想。感动和激情都是暂时的，虽说爱情这东西本来就是感性的，但是从长远的角度来看，真正的甜蜜并不在于奢华的仪式，不在于当下悦耳温馨的承诺。

真正的幸福和甜蜜是艰苦岁月时的不放弃，还有荣耀发达后的不抛弃，是习以为常地陪伴却深感幸运，是按部就班地生活，知足常乐。

愿多年后，你和你的他仍相守相伴，不离不弃，活出最真的样子。

你不是孤独，只是单身

<u>01</u>

前两天，一位朋友无意中聊起他的前任，我禁不住八卦女孩的婚姻状态如何。

朋友只是简单地说了句："貌似还没结婚，可能觉得孤独也蛮好的，已经强大到不需要另一半了吧。"

没错，孤独能营造一种境界，让人变得独立而不依附。

孤独也能激发一种强大的力量，不仅可以提高一个人的专注力，抚慰受伤的灵魂，理清焦躁的思绪，也能更清楚、更理智地面对自己的内心世界。

当然，享受一个人的孤独作为生命中阶段性的插曲最适宜，切勿作为一生的主调。

毕竟大多数的人，对孤独本身是恐惧的，此乃本性使然。

倘若一个人，有幸遇到一个灵魂契合的伴侣，谁会宁愿一辈子独自流浪，面对世事的深情或无常呢？

或许，那些坚守"一个人也蛮好的"信念的人，当中蕴含更多的，是历经世事后，于内心沉淀良多而浮现出的成熟知性和通透豁然吧。

说到这儿，我想起一个故事。

铁凝在年轻的时候，曾有一次去拜会冰心老人。

冰心问她，你有男朋友了吗？铁凝说："哎，还没找到诶。"

90岁的冰心非但没替她着急，而是语重心长地对她说："你不要急，你要等。"结果这一等，铁凝到了50岁才和华生结婚。

有人说，冰心这句话可把铁凝给害惨了呀，但仔细琢磨来，老人家的话说得是有道理的。

当看到铁凝和华生在一起时脸上那纯粹的笑容，我们就知道，她这几十年的等待是值得的。

真正敢于面对孤独的人，到底什么样呢？

他可以随意地应对孤独与不孤独的生活，不排斥有另外一半走进自己的世界，也能接受得了一个人简单生活。

未曾放弃对美好感情的憧憬，一直对幸福的未来抱有期望，这才是善于独处的人最大的魅力所在吧。

02

曾有很多朋友问我："你怎么还不谈恋爱？一个人不感到孤独吗？"

每当这个时候我都会嬉皮笑脸地回答："还不是因为自己丑，哈哈。"

开玩笑！谁不想与自己喜欢的人在一起？谁会喜欢孤独？

小的时候一直有人陪在身边，父母、朋友、同学，从不知道孤独是个什么样子。

随着年岁渐长，慢慢开始担心以后真的遇不到那个共度余生的人。这时我才发现，原来孤独就在我身边。

为了摆脱孤独，不可否认，很多人曾努力试着认识不同的人，敞开心扉去结交不同性格的朋友，尽力去识别他们身上的亮点。

或者只要对方够登对，自己就是个百搭。

偶尔在外面看到搂搂抱抱的小情侣，也会羡慕他们的旁若无人，感叹自己遇不到那个"上九天揽月，下五洋捉鳖"的存在。

尽管内心还是深深明白，找到对的人是锦上添花，而绝非雪中送炭。

很多若有似无的友情也好，初生爱意的朦胧期也罢，就在无疾而终的那一刻，我们才幡然醒悟，一个人真好，没错，真的是挺好的。

冷静下来反观每一段忽近忽远的交情，拿得起放得下，反而距离真实的自己更近一步。

年近而立，即使有些衡量并没绝对的笃定，但谁心里都明镜般知道，什么是令自己欢喜至极的，什么是发自心底不想要的。

所以，能在错觉的漩涡里悬崖勒马、抽身而退，也未尝不是一种智慧。

成年人的世界本该如此啊，喜欢就在一起，不喜欢就不要勉强，能处则来，不能就算了，挥手不远送。

友情如此，爱情亦是。

独处不易，虽有艰难险阻，虽有荆棘载途，但比起放弃原则和底线去迁就他人，那就索性一个人吧，舒坦！

人生有且只有一次，要花费有限的时间去寻找和珍惜喜欢的人。

如果他还没有出现，那就认真生活，建立一套自己的内心秩序，别让一人份的孤独变成买一赠一。

03

《千与千寻》里的无脸男，是个很孤独的存在，象征了一种空虚与寂寞。

当无脸男看见千寻时，是那一种纯真吸引了他，这也是一种原始的需求，但在这种需求的同时，一种想与他人建立关系的欲望渐渐演变成一种占有欲。

他不愿意再承受自己的孤独，于是迫不及待地将各种食物甚至人吞下去，形成一个虚假庞大的个体。

孤独从来不会毁掉一个人，变了形的欲望和居无定所的自我才会，铆足了劲的让自己沉沦于错误的关系链条里才会。

前几天，我在公众号后台看到一位女孩的留言。

她跟男友谈了两年恋爱，平日里男生对她不冷不热，女孩未曾察觉到对方温水煮青蛙般的淡漠，而是越来越依赖对方。

直到前几天，男友决绝地跟她提出了分手。

那一刻她才突然醒悟，一直以来自己该付出的都付出了，该得到的却没得到，这薄如蝉翼的感情也让她意识到，长久以来"单行道恋爱"的愚昧和天真。男生逃离了这段感情，孰对孰错？难说。

小孩子才分对或错，成年人多数只会权衡利弊，兵荒马乱的年头，没有谁敢说自己独善其身。

事实上，许多人失恋之后，难过的未必是对方的离开，而是不知道分开之后，该怎么面对独自生活的自己，不知道该怎么习惯没有他在的日子。

不难理解，人都是有惯性的。

习惯了有人陪伴，习惯了有人依靠，即便知道那是错误的关系还是一头扎进去难以自拔。

但在现实生活中，又有谁能够保证一辈子陪在你身边？

事实是残酷的，越是拒绝孤独，逃避孤独，人就变得更加孤独。生活本是如此，一刻都不曾为谁停留，孤独也没有特权。

因此，与其在那些徒有虚名的关系里挣扎求和，不如好好地丰富完善自我，在爱情里自信地往前走，将心思放在经营双方的这段关系上。

拥有的时候倍加珍惜，失去的时候才会有恃无恐。

没人真的喜欢孤独，只是比起形同虚设的关系，孤独让人感到踏实。

你那么独立，说一个人也挺好。嗯，我也相信，那是真的很好。

每个人，都像一个恋爱专家

01

每个人，都像一个恋爱专家。

关于情感箴言和爱情故事，抨击的、赞扬的、歌颂的、批判的、讴歌的、贬斥的，林林总总，随处可见。慢慢地，人们无形中受到很多感情认知的影响，或多或少。

不能事事容忍你，那他一定不爱你；只会让你喝热水的男人，活该被抛弃；在乎你，自然会主动找你；过去不回头，往后不将就。

说实话，以上的话，你觉得有没有道理？

起初看到这些话，很多人就像找到了恋爱秘籍，吞吐着此类所谓爱情的准则，活像个恋爱专家，说得头头是道。渐渐地，我们发现，现实中往往并不是这么简单。

02

一个小学妹，人美腿长，她的男朋友更是有名的才子一枚，两人男才女貌，艳羡旁人。

由于这个姑娘天生开朗外向，自然吸引了众多异性朋友，总是避免不了各种场合的聚会。时间久了，她的男朋友就开始闹小情绪了。

对此，学妹非但没有耐心解释，反而抱怨男友，没有像父母一样容忍自己。两人越吵越凶，有人上前好言相劝，学妹说了一句："他不能事事容忍我，那他一定不爱我，我不愿将就，分手算了。"

这完全是快餐式爱情的最佳写照，一言不合就分手。

好好的一段恋爱，蛮横、矫情、无理取闹之后，又不负责任地推脱逃避，抱着恣心所欲的态度莫名就分手了，搞蒙了多少个无辜的对方。

姑娘，我想说，这个世界上，凡事无条件容忍你的，或许只有你的父母。

当然，爱情中也是需要容忍的。两个人都纵容自己的个性随心所欲，那是不成熟的表现。从相识相知到相亲相爱，容忍是必须的，但如果在个别的小事中，不容忍就等同于不爱了，这合乎逻辑吗？

即便是岁月沉淀出诸多的默契和依赖，也不至于万事都毫无限度地去适应对方。殊不知，两个人推心置腹的沟通和互相体谅宽容的处事，才是维持爱情的长久之道。

03

生来不是公主的命，就别染上吹毛求疵的病。

前阵子见过一个姑娘，条件平平，邋邋遢遢，学识不高，满嘴脏话，却口口声声的"不愿将就"，对自己老实敦厚的男友满脸嫌弃。

一会儿挑剔对方不够甜言蜜语，一会儿又说陪伴不够；时而厌恶人家不像绅士，时而又怪人家钱包不厚……逢人就诉说自己多委屈，自己的青春多浪费。

不是说爱情一定要将就才对，而是既然决定开始一段缘分，就不要给别人展现一种"不愿将就"的高姿态。

要么别开始，要么别矫情。不要一边享受着爱情的，一边又疾首蹙额地埋怨着对方的不好。

不愿将就，是一种选择的态度，而不是身处爱情中的口头禅。

《简·爱》中曾说：爱是一场博弈，必须保持永远与对方不分伯仲、势均力敌，才能相偎相依下去。因为过强的对手让人疲惫，太弱的对手令人厌倦。

最好的爱情，是两个人都热爱生活，为了对方成为更好的自己，成就彼此更圆满的人生。所以，在"不愿将就"的同时，希望你保证自己也是一个相对优质的个体。

04

我们常听到的一句话就是，最好的爱情，莫过于两个人势均力敌。

两个人旗鼓相当，精神层次不分强弱，彼此才会有更多的共同语言，才能找到彼此都感兴趣的交流点，才能做到心有灵犀。只有双方势均力敌，爱情天平才不会倾斜。

这样的爱情里，你有你的优点，我有我的长处；你有你的理想，我有我的追求；你不是下嫁，我不是高娶；你不用委曲求全，我不用刻意奉承，我们的爱情是对等的。

"你很好，我也不差啊！"这大概就是势均力敌爱情的最好写照吧。

当下，有很多女孩说："要嫁给爱情，必须嫁给爱情，不能将就，我那么优秀，一定要得到最好的。"然而，我们通常会发现，那些声称自己不将就的人，渐渐地，就这样自以为是地耽误了青春年华。

那些说自己不将就的，没几个有好结果的，她们等来了什么？其实大部分等到的是失望。

为什么是失望呢？为什么优秀的她们，偏偏那么命苦，找不到如意郎君呢？

有一次，一位情感导师启发了我，她问：你知道爱情幸福和不幸福的女孩有什么不同吗？

我反问她：有什么不同呢？

她回答：有些人对自己认知比较清晰，然而有些人对自己的认知是模糊的、错误的，也就是我们常常说的，不知道自己几斤几两。

很多姑娘经常絮絮叨叨，跟身边的人抱怨说：我觉得我挺漂亮的，身材挺好的，我学历高，我工作好，我独立能干，我自己赚钱，我非常优秀，所以也必须要找优秀的男人。

可是，从她们的谈话中，我们往往丝毫感受不到她们的魅力，只感觉她们幻想太多，自视过高，自我认知出了问题。

在爱情中，别怪对方与自己不般配，好好想想自己多平庸。别总问别人为什么，多问问自己凭什么。

忠告那些"不将就"的女孩，请不要用自己的大好青春为自己的"无知"和"幻想"买单，真的很不值！试想一个人好吃懒做、顽固不化、不思进取又蛮横无理，那她还有什么资格"不愿将就"？

别总奢望遇到对的人，别总幻想遇到比自己强百倍的王子，这样不切实际的姑娘，即便遇见了也抓不住。

只有一个人变得优秀了，自然有对的另一半来到身边，并与之并肩携手。

孩子，读书才是人生最容易的一条路

昨天晚上，一位正在读高中的表妹给我发来微信：

"姐，我不想读书了，俗话说三百六十行，行行出状元，为什么一定通过读书考学呢？这条路太长、太枯燥，况且学习好辛苦，爸妈不理解我，我知道你懂我的。"

"懂，我肯定懂啊。"

至今两个重要的考学阶段让我一生难忘，一个是考大学，另一个是考研究生。对有些人来说不过是云淡风轻的年少经历，对自己完全是一种脱胎换骨的心灵旅程，学习之苦不可否认。

我更想说的是，学习对于人的一生有巨大的意义和影响，它可以改变人的命运轨迹，改变人看待事情的方式角度，好处多得数不清。

于是乎，我模仿着长辈老一套的语气奉劝："小妹，你还是要好好读书，书中自有黄金屋，书中自有颜如玉啊。"

"姐，你说，如果可以穿越回过去，你还会选择现在这条考学之路吗？"

"会啊，一定会，而且我会更努力！"

"哎，迷之困惑，读书上学有啥好处呢？"

这个问题被无数人问过，也有无数种答案。姐姐用最直白的方式告诉你。

01

一个人读过的书决定他的学识；

一个人的学识决定他的眼界；

一个人的眼界又决定了他的格局。

格局和眼界决定一个人一生的所作所为。

我不喜欢道理说教，没趣。讲一个巴菲特的故事吧，他的一生致力于学习和研究股票投资，在读书学习这一件事情上他极为专注。

他从小就开始阅读所有与股票投资相关的书籍。在读遍了父亲所有收藏的书籍后，他来到了哥伦比亚大学的图书馆，徜徉在书本的海洋里。

巴菲特每天绝大多数的时光，都是独自一人在自己的书房或者办公室里静静地度过的。他每天会按时起床，花大量的时间阅读各种新闻、财报和书籍。

他的办公室里没有电脑，没有智能手机，只有身后书架上的书籍，和一桌子摊开的新闻报纸。时光静静流逝，他从年轻人变成了白发苍苍的老人，六十年如一日。

通过自己的努力，他成为哥伦比亚大学的教授，也成为目前美国历史上在股票投资这个领域最有知识和经验的人，并收获了巨大的财富。

终生学习的巴菲特，即使84岁的高龄，还掌管着全世界最大的投资公司，保持着敏锐的思维，以及对工作和生活的热爱。巴菲特只是通过一生的专注和终生学习，达到了现在的高度。

好了，你看到了，巴菲特的高度我们望尘莫及，多数人的智商和情商本来就输在起跑线了。不读书不学习，靠着小聪明就想飞黄腾达，在这样不进则退的信息快速更迭的时代，你确定你行吗？

还有啊，别跟我举例子说，煎饼大妈月入3万，网红主播月入10万，那毕竟是少数人，况且他们那种熬心血和精力硬扛硬拼的劲儿，你只要用一半在学习或技能充电上，估计你也不会有这样的抱怨和困惑了。

02

读书考学的过程让你懂得，万事不是你想象的那么容易。

读书辛苦吗？当然辛苦，否则怎么会有"悬梁刺股""囊萤映雪""凿壁偷光"的励志故事，他们为的是什么？仅仅是为了造就一段传奇被人传颂吗？

不，他们深深懂得，万事没有想象中那么容易，而考学是一条相对最容易的路。

是啊，当今的时代也是如此。

读书是成本最低的投资，是提升自己眼界和格局的最佳途径。它让我们以最简易的方式就可与大师们进行灵魂的沟通和思想的碰撞，让人心生聪慧、质朴和精神的丰盈，懂得孰轻孰重，懂得明辨是非。

读书考学，会让你懂得做事仅仅参照别人的模式，是不会轻易得到处理技巧和深刻心得的。比如，上学读书的时候，你看懂了例题，未必就能成功应对下一页的整篇习题。

所以，你要一步一个脚印，真正切身地去做，去认真思考，才能解开当中的奥秘。世间哪有那么多容易的事情，你要耐心，要为了你的目标去不断摩拳擦掌地尝试，去体验、去了解、去探索。

探索的过程不可能每件事都亲身经历到，对于接触不到的人或事，我们就可以通过阅读学习他人的著作来实现。

而那些不爱读书的人，往往会输在急功近利上。他们天天寻觅快速致富之路，妄图轻轻松松不劳而获赚得盆满钵满，幻想着幸福轻而易举降临到自己头上。很显然，这是不懂世间万事之真谛，是格局的狭窄，也是思想的浅薄。

03

读书学习是一个人突破自我的过程，它让你更具底气。

读书学习这件事把人分成三六九等，有学富五车的高等知识分子，自然也有目不识丁的文盲。

一个人，读书与不读书的差距，从短暂的角度来说会影响成绩、工作收入、地位资源，就长远来说会影响一个人的见识、领悟力和视野。

读的书多了，你会发现美丽的大千世界竟然如此鲜活，除了眼前的苟且，还有远方的万水千山；读的书多了，你会懂得自己的闪光点不过是九牛一毛。人外有人、天外有天，才应该是你对自己的最好提醒。

话说回来，你正在面临的考学选拔有什么不好？它不会因为你平凡的出身而无视你，不会因为你的窘迫而忽略你，对于平凡的大多数，难道不是改变命运的好机会吗？

况且，现在处于教育资源不均衡的年代，看看那些贫困山村读不起书的孩子，反观我们自己，不仅有富足生活，又有万卷书随你读，还有什么值得抱怨的呢？

扪心自问，考学真的苦吗？试问，一个人连学习这条最简易的路都嫌苦，又如何指望将来能在未来的生活磨炼里凤凰涅槃、展翅高飞？

一纸文凭，难保你职场顺心、平步青云，但它至少会在你前行的路上一筹莫展的时候，让你少一些消极情绪，多一分自信底气和精神支撑，不必在别人的恶意评价中迷失自我、妄自菲薄。

想起一句话：读书受教育，不是为了轻而易举地站在山顶，而是为了不张皇失措地跌入山谷。

年轻人，我还是劝你留在北上广深

"北上广深，是去是留"的话题似乎是老生常谈了，已然不是什么新鲜事了，小编作为新晋都市漂流大军之一，有很多想法想和大家分享。当然，有无道理，见仁见智，毕竟每个人的想法都是千差万别的。

01

刚到这座城市找到落脚处的时候，收拾大包小裹的行李，突然掏出了一本破旧的日记本，真新鲜。

想必是准备出发整理书柜的时候，一大摞直接扔在打包袋子里，却一直未曾打开看看，若真是穿越时空看看过去幼稚无知的自己，倒也挺好玩的，不是吗？

于是，我随意翻开来看看，整体内容不是那种不痛不痒的心灵鸡汤，就是考大学备考时脑子一懵突然冒出的人生哲理，想想都好笑。

真是应了那句话：人的成长，就是不断回首看自己是个傻子的过程。或许以后看待现在的自己，仍然情不自禁地想笑吧。

正想着，突然在最后一篇日记中我看到这样的话：

"这座城市，是我内心爱慕已久的向往之地，是欲望和追求的圣地，到处是电视剧中出现的那些鳞次栉比的建筑，那里有清亮亮的蓝天，有软绵绵的云朵，有蓝天白云下忙碌交错的人群。当然，这只是我模糊的认知，因为现在的它对我来说是一个遥不可及的地方。"

轻轻翻开下一页，承接刚刚的内容：

"我坦言，自己是个喜新厌旧的人，尽管十分热爱家乡，可当下满眼尽是逛够了的商场，吃腻了的美食，低头不见抬头见的熟人，还有每天上学路上第三个转弯处，那个闭眼都能找到的永远不变的招牌奶茶店，觉得自己就好像夹在双层玻璃里面，运动的轨迹始终不变，缓缓行进，这狭隘的空间让人呼吸不畅。我就像套子里的人一样，真想逃出去！"

看到这，我真的笑出声音了，这是什么时候写的，印象模糊，但我唯一能确定的是，有记忆以来，我确实对外面的世界充满了好奇和期待。

我不得不承认，从小到大，读书学习，做父母长辈的乖孩子，难免困住了很多潜藏的天马行空的想象力，也在某种程度上成为我创新思维和格局视野层面的束缚和捆绑。

但所幸，在我精心搭建的小小的精神世界里面，那些自己喜欢的、想要做的事或暗恋的人，心里比谁都清楚，对于执念和向往，我从未放弃过孜孜不倦的追求。

喏，这座人杰地灵、灯火辉煌的都市就是我的梦想之一。这不，我现在如约而至，没有缺席。

有时候，冲动真的是一种有钱都买不到的勇气，一路向前，如果顾虑越多，内心往往胆怯就越多。

02

一说到大都市，总有人提到房价贵、交通堵、生活成本高、幸福指数低的诸多问题。这些问题的确是存在的。

可是非要这么抬杠的话，哪里是完美的生存之地呢？天堂吗？既然人生苦难重重，在哪里都是挫折和考验，人还活着干什么呢，上天多好。

所以啊，既然我们还好好地活着，本身就是一种幸福了，能克服的问题都不是问题。因此，当我们评价一座城市的时候，是不是要尽量抛掉以偏概全的陈旧倾向呢？

说实话，我在这里过得挺开心的，因为我看到了这座大城市所具有的长处和亮点，觉得留在此地利大于弊。

很多人喜欢这里的相对公平，我十分赞同，尤其对于专业技术过硬的专家学者，大都市有很多支撑技术的环境条件，教育机构科研组织数不胜数。

你越是潜心执着于你的研究，这里对你就越多关怀和培养，极少偏颇和宠溺，多的是对人才的肯定。绝对的公平是不存在的，这句话相信几乎没人反对，所以我们若能寻找到"相对公平"的环境就大声欢呼雀跃吧。

我的好朋友小江，因为成绩特优异，英文水平一流，考研获得高分被一所美国数一数二的经济大学录取攻读硕士研究生，研二没毕业就成为国内市场紧缺的高等人才。

北京不下三家大型企业向他抛出了橄榄枝，予以好职位和高薪水，最关键的是，他可以享受城市以优待的方式提供户口迁移特权，对此我们羡慕不已。

这就是大城市，它很博爱：吸金又惜人才。

从另一个角度来说，有好的政策和环境的支持，自然有更多的人喜欢留居在此，不断打磨、不断进步，为城市贡献自己的光和热。这样慢慢形成良性循环，城市的发展也将更加多元和创新。

03

大城市多数是依靠"优胜劣汰公平竞争"和"末位淘汰"的机制不断更新迭代，你可以完全忽略小城市"谁得罪他就混不下去"的复杂关系，不必生活工作只围着小小的圈子忙得团团转。

你眼下有一份看上去不那么体面的工作，但却完全不会影响你自主地按照心之所倾，选择一份更适合长久发展下去的副业。

兴趣也好，爱好也罢，只要做得好，就不愁会被衣食所需而牵绊。你视主业副业爱好多管齐下为充实，只会有人赞叹不已，而不会有人说你是个劳劳碌碌自求烦恼的怪咖。

原因很简单，大城市认同"斜杠"人才，你具备的本领越多，接触的领域越全面，你的魅力就会越受青睐。

我身边就有一位全能的同事阿五，至少会说三门外语，脑洞也很大，会写小说会写散文，最近又报考导演学的夜校，天天下班背个单肩包去听课充电。

最让人称赞的是，他在自己工作的领域里摸爬滚打近十年，始终如一地坚持，现在已然是受人尊重的行业翘楚。

这就是大城市，它很开明：尊重自由，拥护多元化。

<u>04</u>

　　在个人价值提升与格局感知方面，大城市会有很多优越的条件，无论你的年纪多大，无论你的社会阶层是高是低，只要你想学习一种新技能，没人会阻止你前行的步伐。

　　你可以去各大名校报班参与系统学习研讨，上过课后去附近看一场来自英国皇家交响乐团的精彩表演，也可以去附近的情调咖啡馆啜饮一杯手工现磨的香滑咖啡。

　　看着窗外的车水马龙，耳边响起悦耳的爵士蓝调，随手就写出一篇感觉美妙的个人感悟，深觉幸福满满。

　　你不用畏惧传统的眼光。在这里，你30岁没伴侣不是奇葩，你40岁没结婚并不可怜，年近半百学跳舞不是怪物。

　　你可以活得很自由很潇洒，可以突破固有认知，放弃别人眼中稳定的职业，去追求自己喜欢的事业，可以认识很多性格奇怪但十分厉害的大咖。

　　你可以参加各色各类大型的社群，可以报名参加感兴趣的群体讲座活动，你可以做到的事情有很多，除了犯法，你都可以尝试一下。机会多的是，看你怎么抓住它们。

　　这就是大城市，它很豪爽：你只管做你自己，这就足够了。

　　其实我个人觉得，大都市的魅力远不止于此。有人问，就个人而言，你喜欢一个地方，总要有个最主要的原因吧。

　　为了寻求更多实现自我的机遇？顺势而为挣更多的钱？为了找"我在闹他在笑"的理想配偶？为了更便捷地接受精神文化的熏陶？

　　一定要问我原因，以上好像都是，但又不足以让一个人有这么强烈的热情，或许它的包容、它的多元和它的博爱比我罗列出来的内容多得多吧。

这种感觉就好比你不顾炎热暴晒的天气去看一场男篮比赛，冒着大雨跑到大老远去看一场足球。不畏惧旁人的看法，追求自己倾慕已久的伴侣。

真正意义上的喜爱，哪有可言说的原因呢？就像我对这座城市的迷恋，似乎没有原因，又尽是说不完的原因，总之就是喜欢。

为什么你喜欢泡在咖啡馆

有时寂静是那么美好，手边放着一个咖啡杯、一把餐刀、一把叉子，它们的存在是最平白的、不加修饰的。

01

此刻，蒙蒙烟雨，小雨滴打在窗上，溅出星星水花，两三滴聚在一起，又顺着玻璃窗滑落。我与好友坐在一家安逸舒适的咖啡馆里，内心充溢着幸福感。

咖啡馆门面较小，空间不大，淡雅幽静的布景，纯净透明的鱼缸发出美妙的流水声。一排排整齐的书架摆在中间，书和杂志分类清晰，种类广泛。

室内人不是很多，昏暗的橘灯如影随形，就如第一次进这间咖啡屋时的格调。

这里大概有10个小桌，有一半坐了客人。来到这里的每一位客人，都可以在安静又舒坦的圆椅上，纵容内心此刻的自由。

雅致的灯光恰到好处地映照在小桌的中心，杯子在光的旁映下拉下幽长的影。端起杯子啜饮，咖啡的醇厚浓郁香滑入口，探寻，深入，升华，抹平内心深处的棱角和沟壑。

一丝醇香的啜饮，暖暖地入胃，极为舒服。每一次液体的滑齿入口，仿佛眼前这个世界就多了一分美好。

咖啡馆的四个角落陈列着舒适的沙发椅和淡色的小圆桌，全然是一幅充满意境的图画，舒爽的气氛更是令人心生欢喜，好一个宁静的下午茶时光。好想就这样随着蒸腾的香气化成一缕清风，飘浮在轻音乐奏出的美美的旋律中。

02

在靠近窗子的沙发椅上，坐着一位气质不凡的姑娘。她戴着一顶黄褐的鸭舌小帽，身着一件素色洁净的外套，在认真地翻阅文学名著。她的头是俯着的，清晰的棱角横亘在白净的脸上，看不清她的神情，但能感觉到她对书籍的满腔热情，对浩瀚文字的无穷探寻。

在这个姑娘左侧的角落，又见一位戴着金丝边眼镜的女青年，身着淡蓝色修身连衣裙，清新自然的妆容。桌上一杯冒着热气的咖啡，香气袅袅，浸润心神。

咖啡旁是一台手提电脑，一双灵动的杏核眼聚精会神，时而双手交错在键盘上忙碌着，任由通信工具趴在桌上时明时暗的变化，不一会她又心无旁骛，全身心阅读手中的书本，认真的样子迷人而妖娆。

她的对桌坐着一位中年男子，玉树临风，温文尔雅，一尘不染的白色衬衫，简单易理的发型。眼角有些许岁月洗礼印刻的褶皱，肤色白皙的五官中又带着一抹俊朗和温柔，有着独特的空灵和气质。他时而望着窗外，时而俯头品尝咖啡，举手投足间散发着成熟的魅力。

从容思考，不亦乐乎；悠然自得，陶醉其中。专注是一个尤为值得称道的好习惯，让沉静的思绪浸染到灵魂深处，从而内化为一种独特的美，清新脱俗而又谦恭随和。

03

好友的轻声细语中倾泻着近期的喜悦与忧愁，她轻轻捋一下头发，发香四溢，在橘黄色灯光的照耀下，脸颊像翡翠一样闪着淡淡的光泽。

她轻轻趴在我耳边感叹："能够在咖啡馆小憩，休息养神、看看书、读读杂志真好！"

是啊，咖啡馆是这么一个地方，它有点吵，却并不喧闹；人不少，却彼此独立；拥有着浓厚的现代社会的烟火气息，但人却不会轻易受到干扰；它提供给你观察来来往往的人一个机会，但你又无须跟他们发生联系，还能看到这个世界的忙碌运转和川流不息。

它在私人空间和公共空间之间微妙地取得了一种平衡，既连接起许多与你相似喜欢安静和咖啡的人，又保证了某种程度上的封闭性和隐私性，身旁一尺之内是你的领地，别人会默契地避让而不需要你说些什么。

日升月落，第二天与今天如出一辙，日子就这么一天天重复下去。身边这些来去匆匆的人背后，都有着什么样的故事？刚刚结束的一天，错过了怎样的可能性？如果可以重来一次，是否会演绎出不同的结果？

都市里的人背负和承担的东西太多，面对的东西也是纷繁复杂。很多时候，我们往往希望有这么一个空间，不说话，可以做自己喜欢的事，可以偶尔发发呆，可以抬起头看看人群，告诉自己世界很大，还有这么多的人跟我一样，在各自做着自己的事情。

我们喜欢咖啡馆，也无非是这样的缘由罢了。

除此之外，翻阅自己感兴趣的书本，正所谓开卷有益，能够在这样的环境里多些沉静思考，也能更好地体味世事百态，丰富人生的知识阅历。

是啊，一个人在咖啡馆中安安静静地阅读和思考是净化心灵、滋养大脑相对便捷的途径，也是性价比较高的成长方式，它让人活得通透，也活得丰盈。

一个人踽踽前行，时而思考，时而停顿，静下心又蓦然发现整个世界恬淡寡欢地待在身边，一切都在井井有条地运转着，每个人就像是一个被剥离出来的个体，在整个硕大的宇宙之中小得完全可以忽略，这种感觉真的十分奇妙。

室内音乐不断流淌在耳边，在淅沥雨声的协奏下更彰显出咖啡馆雅致的情调。外面细雨如缕丝，从天上飘下来，像美丽的珠帘，煞是好看。

无意中，瞧见窗外有一对年轻情侣走过，两个人一把荷叶伞，大手牵小手。女孩小鸟依人依偎在男孩温暖的臂弯，两个人相视一笑，柔情似水，那一刻不禁惊叹原来美好的瞬间竟是如此容易就可捕捉到。

正在我们享受在这不期而遇的情调时，耳边响起了好听的《*lucky*》，温暖的乐谱飘荡于咖啡馆的各个角落，把天地间一切空虚盈满。

Lucky I'm in love with my best friend.

Lucky to have been where I have been.

Lucky to be coming home again.

I'm lucky we're in love every way.

Lucky to have stayed where we have stayed......

一个人，就是一个世界

<u>01</u>

亲爱的你，是否曾有过这样的困惑：怎样才能让现实的自我与客观世界保持亦步亦趋，如何客观地认识自己以及对待他人的评价呢？

事实上，别人眼中的我们，永远是片面绝对的，即便是自己，都很难真正了解自身。所以，人经常错误地认知自我，要么过度的自信，孤芳自赏；要么极度的自卑，妄自菲薄。

亲爱的你，对于别人的评价，有弊改之，无则加勉，无须徒增情绪。自己活得阴雨绵绵，谁也不能为你遮风挡雨。只有竭力赶走乌云，人生才能绽放光彩。你要永远记得：你选择了什么，终将成就什么。

对于别人有意无意的中伤，你若不在意，它就像天上的浮云，轻飘飘的；若视它为一片黑漆漆的乌云，目不转睛地盯着它，它就越会靠近、越压制。

02

一个人就是一个世界，有的世界隐涩、凛冽、乌云密布、冷清无比，毫无生气；有的世界温暖安静，阳光闪耀，落英缤纷，花香漫天。不同的人属于不同的世界，每个人的内心就是不同的季节，有的彻骨冰霜，有的春暖花开，每个人的眼睛里藏着不同的风景。

有的满目疮痍，有的春意盎然；有的是一座遥远的幽谷，有的是一条潺潺的小溪。别人或许只看到你世界的一部分，总是避免不了偏见和狭隘，那又如何呢，你的四季仍然从容流过，你的心灵之城仍繁花锦簇，无须过度在意，也无须为此沦落。

在一生曼妙的行走中，为了避免闭门造车，可以尝试走进别人的世界、阅读他人的著作、体恤他人的悲与乐、学习他人的可取之处。眼光逐渐长远，心胸渐渐辽阔，克服狭隘和偏见，才能更好地认识别人，从而更好地认识自己。

人的一生就像一年四季的美景一样，总在不断切换着，倏忽即逝。转眼间，春去秋来，小风携着细雨落在行人的肩上，不经意间送走了春意料峭，带走了莺飞草长，迎来秋高气爽。

一样的季节，同一片天空下，有人怅然，有人欣喜；有人失去，有人收获；有人脆弱，有人坚强；有人迷惘，有人成长。小时候无法理解长辈口中的成熟。慢慢地，不断前行成长的我们，影子越拉越长，脚下的路越走越远，生存需要变得越来越烦琐，内心承重越来越大。或许这就是成熟的过程，不再无忧无虑，不再无所顾及，不再不知分寸。

淋湿的青春往往不畏寒冷，那是因为内心有一股烈火在燃烧。

偌大的城市，不变的车水马龙，你选择了什么，你就终将成就什么。人生痛苦的诱因相差无几，面对挫折，有人深感生活处处为难，有人视一切困苦为收获。

03

事实上，那些快乐的人，并非拥有大于失去，只是选择了乐观。随着岁月的画笔慢慢在双颊勾勒，希望你学会舍得，学会安静，懂得看开，更懂得放下。

世间有无数张面孔，就会有无数种不同的表情。不一样的心态决定不同的取舍，进而影响着不一样的人生。每个人的话语都刻着人生的韧度，行为举止都记录着人生的宽度，脚下都隐匿着不一样的人生走向。

没有任何人有绝对意义的成功，也没有任何人仅剩纯粹的落魄。因此，在这有限的一生，想做的事，就立刻努力去做吧。人，终究是活给自己看的，活得好不好看，不需要去听旁人的答案。夜深人静、无人打扰时扪心自问，自己每天做的事是否倍感充实。

在每个静谧的夜晚，是否能够安然入睡，相信自己总会有答案的。对于旁人的说长道短，要有一份从容和坚定，坚守平和，方能自在。不要走着走着丢了自我，唯一残存的个性，被一股孱弱的从众之风吹走了，散了自己原本简单的风景，在别人世界的泥泞中不堪前行。

04

记得村上春树在自己的杂文集里曾说：我们生活在一个多么艰难的社会里啊！也许我们会抱起胳膊，搔着脑壳。然而不管喜欢还是不喜欢，这就是我们居住的世界。我们只能在这里生存下去。

是啊，在这个光怪陆离的星球上，每天都是人来人往，人聚人散，在激流勇进中疲于奔命，却又生生不息、日日不止。有时候，我们正在坚持的事情，可能根本不被周边所认可，或者根本没人会认可。

可是那又怎样，这件事有多重要，你有多么热爱它，也只有你自己知道，而你能做到的，就是坚持不懈地行动下去。

别忘了，在璀璨的夜空中，你，永远是那颗最亮的星星。

生命是场漂泊的远行，好好善待自己

01

落叶漫天的秋季经常给人一种温柔嬗变的感觉，晴朗通透的阳光总是高高地趴在那里，晶亮的余晖静静地倚在屋檐。当人轻轻束起一挽窗帘，它便迫不及待地将光亮和温热铺遍整个房间，暖流布满每一个角落。

人们兴高采烈地推门而出，谁知却遇一袭冷风扑面，这时才晓得热辣日光的温暖是假象，原来夏天是真的离开了。远处的天空就像婴儿皮肤一般细致亮白，高举着白晃晃的明亮，不遗余力地驱赶着阴郁，播撒着希望，仿佛告诉人们昨日已逝，今日如约而至。

跑步来到街心花园和广场，看见这里有很多健身的人，他们与世间力物共同呼吸清晨新鲜的空气。落叶挟裹着各色各样清灵的露珠散落在路面上，折射的耀光五彩缤纷，灿若繁星，一切宁静优雅的美不禁让人心生雀跃之感。

我喜欢晨跑，是因为跑步能够清空思绪，激发创造力，感觉路在脚下踏过时，烦恼和纠结都会随之淡化，这可能与内啡肽的释放有关吧。它会给身心带来平和、安静和清新的效果。跑跑步，不仅有益于身体健康，也是一种心理的调整和放松，就是我们常说的跑步可以造就平和心境。

02

大千世界，有一种人特别值得我们钦佩，他们曾在时光的苦茶中浸泡过，在成与败的竞技中打磨过，历经风雨，直到成为翘楚。他们的生活格调很高，为人处事姿态很低，不卖弄、不矫情，温和平易、宽厚纯良。

他们有一种普通人可望而不可即的东西，叫自由。他们的自由除了涉及生存的物质资源之外，还包括人格和精神上的自由。这种自由虽然是大部分人的目标，现实中却只属于小部分人。

事实上，这世上的人大致都是类似的，很普通也很平凡。大家仰望着同一片天空的湛蓝，沐浴同一份阳光的温柔，见证同一场雨水的酣畅淋漓，背对着同一捧月光入睡。每个人各有各的烦恼，各怀心事，为前方不明所困惑，为数不清的阻碍所忧愁。

幸运的是，我们都有一个专属于自己的小世界，非凡也好，平凡也罢。在那个独一无二的世界里，可以放肆，可以任性；可以狂暴，可以释放；可以做梦，可以妄想；可以放空，可以迷茫。不必绷着，不必端着。

在这个自由的空间，不必表演，也不必伪装，只需要做好自己，怀着坚定的信念，去做心仪的事情，无惧无畏地走向内心向往的未来。每个人都有一片自己的天空，都有多种可以愉悦自身的方式。

不得不承认，晨跑真的会给人一种不可替代的自由自在之感。全身轻快跃起，不需要考虑任何一件棘手烦恼的事情。坚持跑完自己规划好的路程，便觉得仿佛一种美好的自由从躯体最深处挤榨出来，爽快又惬意。

03

无论当下的你正承受着多大的压力，有多少困惑；无论你的物质是多么匮乏，你的生活是多么糟糕，你都不会失去"做自己"的自由。只要你愿意，自由可以与你如影随形亲密无间。

心的自由与现实的忙碌不冲突，与生活的牵绊束缚也不矛盾，这种自由是命运的馈赠，是人的选择。愿每个人都将它妥善安置、精心收藏，不要轻易丢弃心灵的自由，迷失在杂草丛生的人生竞技场。

纵然生活苦难百般，但心却可以一直向阳绽放。就像宋代诗人释文珦在《天道虽远行》中曾说，一念之差，各里而迁。心也一样，自由与羁绊，取决于你的选择。假如你内心深感疲惫，你可以出来跑跑走走，将乱心抚平，让它变成一汪淡泊的静海，容纳百川。不强求，不沦陷，拔出泥泞，肃然淡定。

精神解脱和灵魂自由于我们每个人都十分重要。善待自己，请别忘记重视你的健康，关心你的内心世界。我们若时刻都能像跑步时这样，保持积极向上的态度就好了。天天保持好心情，生命也因此不再沉重。

生命本是场漂泊的远行，请好好善待自己。在这个世界上，有许多事情是我们难以预料和解决的。我们不能控制际遇，却可以掌握自己；我们无法预知未来，却可以把握现在。

生命本是场漂泊的远行，珍惜让你感动的人，铭记让你哭泣的人，放下对你淡漠的人，遗忘与你无关的人。邂逅风雨，就勇敢地面对，用挑战衡量人生的成色；遇见阳光，就尽情地取暖，用成长舒展生活的底色；遇到挫败，就无畏地奋斗，用坚强浸润命运的本色。

生命本是场漂泊的远行，珍惜当下，善待自己，接纳这个不完美的世界。只有真心拥抱它，才能活出更饱满、更真实的生命。

───── 后记　生活的主题，永远是我们自己

01

这个世界不相信眼泪，也不同情甘于平庸的软弱者。随着年龄的增长，对这句话的认知就更加的坚定。或许你说的是苦楚，而别人听起来，不过是笑话。

你悲不悲惨、改不改变、努不努力，影响不了别人。别人不喜欢你，可以随时忽视你的存在，若是因为别人的忽视而自暴自弃、放任自己、自甘堕落，吃亏的只有你自己。

不要像个落难者，告诉所有人你的不幸。总有一天你会明白，委屈要自己消化，故事不用逢人就讲起，真正理解的人没有几个，大多数人会站在他们自己的立场，偷看你的笑话。你能做的就是，把秘密藏起来，然后一步一步变得越来越强大。

你只有变得更好、更完美，才有资格影响别人，别人才会重视你、尊重你。

02

趁现在还有时间，付出你自己最大的努力。努力做成你最想做的那件事，成为你最想成为的那种人，过着你最想过的那种生活。也许我们始终都只是一个小人物，但这并不妨碍我们选择用什么样的方式活下去，这个世界永远比你想的要更精彩。

我们来到这个世界上，一路走来，也会有很多挫折和不如意，现在的你也许小有成就，也许碌碌无为，也许在外漂泊，也许幸福美满……不管怎么样，你都要相信，没有到不了的明天。

这世界没有我们想的那么糟糕！不管我们经历了多么糟糕的一天，过去就好，一切会越来越好，希望看到这段话的你，能够开开心心地过每一天。

03

生活的主题，永远是自己。我们要关注内心，专注成长，不胡乱猜忌，不无端生事。一生漫长，安然度日，那些暗自较量、那些彷徨慌张，不过是自我虚妄。离喧嚣远一些，离内心近一点，坦然、空阔、澄净地活着。

安安静静地做自己，这条路的尽头，会是一片辽阔的大海。那里的风会温柔地扬起裙角，水轻轻地抚摸着你的脚背，海藻在阳光下舞蹈。路的尽头，我们会牵着手、乘着风，一起出发。